南海

宝
藏

Treasure of
South China Sea

南海宝藏

李　航◎主编

文稿编撰/王晓

中国海洋大学出版社
CHINA OCEAN UNIVERSITY PRESS

·青岛·

魅力中国海系列丛书

总主编 盖广生

编委会

主　任　盖广生　国家海洋局宣传教育中心主任

副主任　李巍然　中国海洋大学副校长

　　　　苗振清　浙江海洋学院原院长

　　　　杨立敏　中国海洋大学出版社社长

委　员（以姓名笔画为序）

丁剑玲　曲金良　朱　柏　刘宗寅　齐继光　纪玉洪

李　航　李夕聪　李学伦　李建筑　陆儒德　赵成国

徐永成　魏建功

总策划

李华军　中国海洋大学副校长

执行策划

杨立敏　李建筑　李夕聪　王积庆

魅力中国海
我们的
海洋梦

Charming China Seas
Our Ocean Dream

魅力中国海 我们的海洋梦

中国是一个海陆兼备的国家。

从天空俯瞰辽阔的陆疆和壮美的海域，展现在我们面前的中华国土犹如一个硕大无比的阶梯：这个巨大的"天阶"背靠亚洲大陆，面向太平洋；它从大海中浮出，由东向西，步步升高，直达云霄；高耸的蒙古高原和青藏高原如同张开的两只巨大臂膀，拥抱着华夏的北国、中原和江南；整个陆地国土面积约为960万平方千米。在大陆"天阶"的东部边缘，是我国主张管辖的300多万平方千米的辽阔海域；自北向南依次镶嵌着渤海、黄海、东海和南海四颗明珠；18000多千米的海岸线弯曲绵延，更有众多岛屿星罗棋布，点缀着这片蔚蓝的海域，这便是涌动着无限魅力、令人魂牵梦萦的中国海！

中国的海洋环境优美宜人。绵延的海岸线宛如一条蓝色丝带，由北向南依次跨越了温带、亚热带和热带。当北方的渤海还是银装素裹，万里雪飘，热带的南海却依然椰风海韵，春色无边。

中国的海洋资源丰富多样。各种海鲜丰富了人们的餐桌，石油、天然气等矿产为我们的生活提供了能源，更有那海洋空间等着我们走近与开发。

中国的海洋文明源远流长。从浪花里洋溢出的第一首吟唱海洋的诗歌，到先人面对海洋时的第一声追问；从扬帆远航上下求索的第一艘船只，到郑和下西洋海上丝绸之路的繁荣与辉煌，再到现代海洋科技诸多的伟大发明，自古至今，中华民族与海相伴，与海相依，创造了灿烂的海洋文化和文明，为中国海增添了无穷的魅力。无论过去、现在和未来，这片海域始终是中华民族赖以生存和可持续发展的蓝色家园。

认识这片海，利用这片海，呵护这片海，这就是"魅力中国海系列丛书"的编写目的。

"魅力中国海系列丛书"分为"魅力渤海"、"魅力黄海"、"魅力东海"和"魅力南海"四大系列。每个系列包括"印象"、"宝藏"、"故事"三册，丛书共12册。其中，"印象"直观地描写中国四海，从地理风光到海洋景象再到人文景观，图文并茂的内容让你感受充满张力的中国海的美丽印象；"宝藏"挖掘出中国海的丰富资源，让你真正了解蓝色国土的价值所在；"故事"则深入海洋文化领域，以海之名，带你品味海洋历史人文的缤纷篇章。

"魅力中国海系列丛书"是一套书写中国海的"立体"图书，她注入了科学精神，更承载着人文情怀；她描绘了海洋美景的点点滴滴，更梳理着我国海洋事业的发展脉络；她饱含着作者与出版工作者的真诚与执著，更蕴涵着亿万中国人的蓝色梦想。浏览本丛书，读者朋友一定会有些许感动，更会有意想不到的收获！

愿"魅力中国海系列丛书"能在读者朋友心中激起阵阵涟漪，能使我们对祖国的蓝色国土有更深刻的认识、更炽热的爱！请相信，在你我的努力下，我们的蓝色梦想，民族振兴的中国梦，一定会早日成真！

限于篇幅和水平，书中难免存有缺憾，敬请读者朋友批评指正。

盖广生

2014年元月

Preface 前言

南海的湛蓝海面，连同在其中的岛屿、沙洲、礁石、浅滩一起都被和煦的阳光宠爱着。在南海广阔的海域中，到底有多少宝藏？

《南海宝藏》来告诉你。

南海生物多样。南海的丰沛降雨和终年高温，让成千上万的生物有了生长、栖息、繁衍和越冬的"最佳目的地"。182万平方千米的南海渔区中，鱼、虾、蟹、贝、海参等活跃在各个角落——港湾、海岸带、深海之中。南海还拥有自己的"小世界"——珊瑚礁生态系统和红树林生态系统，那里有珊瑚"城堡"，还有"海上森林"，那里神奇美丽，让人着迷。

南海资源丰富。海底石油和天然气储量巨大，相当于全球储量的12%。北部神狐海域圈定的11个可燃冰矿体，仅仅是"冰山一角"而已。南海还是一个神奇的"蒸发器"，莺歌海盐场是南海晒盐条件最好的地区。南海作为我国最大的海域，拥有几乎所有形式的海洋能源——潮汐能、波浪能、海流能、风能。南海的捕捞业和养殖业也发展得如火如荼，几百种有经济价值的海产品都能在南海找到。

南海考古富迹。"华光礁1"号、"南海Ⅰ"号、"南澳Ⅰ"号等被打捞发掘，每一艘沉船都载着一段历史，它们让航海技术和造船工艺从历史中走来。瓷器、金器、银器，从这些文物身

上，能看到"海上丝绸之路"的轨迹。大美沉落海底，南海的考古发现远不止于此。水下遗址，用另一种方式将历史凝固，让后人可以从甘泉岛遗址、海底七十二村庄等看到嵌在海底的先民生活印迹，这是海洋保存下来的一份独特记忆。

所有这些，只是南海宝藏的沧海一粟，更多的宝藏，等待我们去探索……

Contents 目录

Treasure of South China Sea

南海宝藏

01

南海生物万象/001

南海百宝箱 ·· 002
    植物王国 / 002
    动物世界 / 009

南海"珍品藏" ·· 037
    南海"小巨人" / 037
    南海"活化石" / 040
    海龟传奇 / 046
    海鸟知天风 / 050

南海"小世界" ·· 054
    珊瑚"城堡"：珊瑚礁生态系统 / 054
    海上森林：红树林生态系统 / 059

02

南海资源大观/063

海洋化学资源 ··· 064
　　海水制盐：浪里淘"银" / 064
　　海水淡化：不再"望洋兴叹" / 065

南海矿产资源 ··· 068
　　石油天然气资源：第二个波斯湾 / 068
　　可燃冰：冰中之火，未来能源 / 074
　　海绿石 / 076
　　滨海砂矿 / 077

南海动力能源 ··· 078
　　潮汐能 / 079
　　波浪能 / 080

南海渔业资源 ··· 081
　　南海近海捕捞 / 081
　　南海远洋捕捞 / 084
　　南海养殖 / 086

03 南海考古藏典/091

南海沉船 ··· **092**

    "华光礁1"号 / 092

    "南海I"号 / 098

    "泰星"号 / 104

    "南澳I"号 / 107

    "哥德堡"号 / 112

水下遗址 ··· **114**

    北礁水下遗物点 / 114

    海底村庄遗址 / 119

    甘泉岛唐宋居住遗址 / 122

南海水下文物的守护者与探索者 ················· **127**

    守护者 / 129

    探索者 / 133

南海

生物万象

01

　　湛蓝南海，有和煦的阳光眷顾，也有优质海水的养育。那里的天然渔场，水质优良，水温适宜，西沙、南沙等处的海水蔚蓝透明。这样的南海聚集了种类丰富的生物资源，这是上苍赐予南海的礼物。

　　潮起南海，蓝生万象。在这里，海洋植物扎根，海洋动物定居，水下小生态系统生机勃勃。

南海百宝箱

南海是海洋生物生活的天堂。这里不仅有海中摇曳的海洋藻类，还有"海中动物世界"。南海岸边红树林郁郁葱葱，水下的麒麟菜和江蓠在悠然飘摇。这里的鱼虾蟹贝是最不寂寞的，成千上万种生物"济济一堂"，珊瑚礁旁、潮间带中、深海里、浅滩上，小动物无处不在。经济价值高的海洋生物能在这里现身，稀少的"海洋珍品"也能在这里找到——南海就是个大大的"百宝箱"！

植物王国

南海这片广阔而温暖的海域是海洋植物的"乐土"。和煦的阳光和丰富的营养盐滋养着大量海洋植物在这里生长繁殖。螺旋藻、角毛藻看起来是如此的微小，却又是如此的富有"能量"。麒麟菜、江蓠在海中吸收营养，快速生长着，它们有着重要的经济价值，为海边的人们提供着鲜美的海味。这还只是南海万千海洋植物中的很小一部分，就让我们通过了解这些植物的生长特性和营养价值，试着以小见大吧。

海洋微藻

金藻、绿藻、硅藻、甲藻和蓝藻，你知道它们是什么生物吗？因为微小，所以只有大量出现时，才会让人注意到它们。如果想一睹其真容，那就要得到显微镜的帮助，因为微藻实在是太小太小。小却不能忽视它，这种地球上微小的生物把南海的阳光吸收，是重要的初级生产

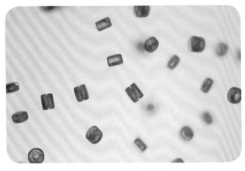
⬆ 显微镜下的微藻

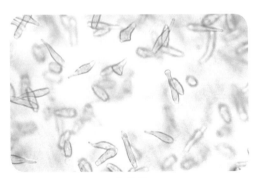
⬆ 微藻

者。微藻代谢产生的多糖、蛋白质、色素等，在食品、医药等领域具有很好的开发前景，微藻不微，可小中见大。

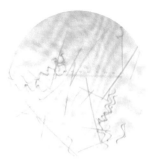
↑ 螺旋藻形态

● **螺旋藻**

法国克里门特博士说："人类20世纪两大重要发现：原子弹和螺旋藻，但是后者的作用远远大于前者。"人们常常引用他的话隆重推介螺旋藻。作为地球"元老"，螺旋藻已经存在了35亿年。喜欢热带、亚热带气候的它自然视南海为"宝地"。

螺旋藻为丝状体，藻丝螺旋状，无横隔壁，蓝绿色。藻丝直径为4～5微米，长400～600微米，属于蓝藻门颤藻科。它们与细菌一样，细胞内没有真正的细胞核，属于原核生物。

20世纪60年代初，法国探险家克里门特博士在非洲探险时发现，乍得湖边的佳尼姆人在动物蛋白匮乏甚至粮食、蔬菜也不足的条件下依然体魄强壮，精力旺盛，健康长寿。调查后发现他们经常捞取漂浮在乍得湖上的螺旋藻晒干食用和用来治病。

在国际营养学界，螺旋藻有个响当当的名号——"绿色黄金"。螺旋藻的细胞壁很薄，在人体内的消化吸收率

↑ 培养瓶中的螺旋藻

螺旋藻的营养价值

螺旋藻含丰富的蛋白质，高达60%～70%，比一般概念上的食品营养丰富，甚至比大豆、牛肉、鸡蛋中的蛋白质含量还要高出数倍。1克螺旋藻粉的营养含量相当于1000克各种蔬果营养的总和。

螺旋藻含丰富的β-胡萝卜素，为胡萝卜的15倍，是菠菜的40～60倍。

螺旋藻含丰富的维生素B_1、B_2、B_5、B_6、B_{11}、B_{12}、C、E。B族维生素种类繁多，而且各具特殊的生理功能，缺乏其中的任何一种都可能导致疾病。

螺旋藻含多种人体必需的微量元素，如钙、镁、钠、钾、磷、碘、硒、铁、铜、锌等。这些微量元素作用很大，缺铁会导致贫血，缺锌会导致发育不良；硒能激活DNA修复酶，刺激免疫球蛋白及抗体的产生，捕获自由基，降低或抵抗人体内某些金属的毒性，抑制一些致癌物质的作用，硒还能防治高山病。

达到90%以上。并不是所有的螺旋藻都被允许作为保健食品的原料，极大螺旋藻、钝顶螺旋藻这两个品种才有"许可证"。螺旋藻能够促进婴幼儿的健康成长，提供青少年发育成长期的均衡营养，维持成年人旺盛的精力，延缓衰老，还有减肥、护肤和美容的功效。饭前1小时服用螺旋藻，螺旋藻中的苯丙氨酸还能抑制食欲，免除节食减肥给人带来的饥饿、营养不良之苦，使人们在减肥的同时，仍可保持旺盛的生命力。

↑ 螺旋藻药片

全球最大的螺旋藻生产基地在我国，约占全球螺旋藻总量的一半。

海南岛就是生产螺旋藻的"胜地"。海南地处中国南端，热带海洋性气候，充足的阳光、洁净的水源、清新的空气等等，都是适宜螺旋藻生长的重要条件。

由于多年来坚持不懈的宣传，螺旋藻作为一种全天然营养保健食品的概念早已深入人心。国际市场上螺旋藻类保健产品的年增长率超过10%。我国近年来出口螺旋藻数量已占国际螺旋藻市场总销量的50%。

螺旋藻营养丰富，但不是包治百病的良药。需要提醒你的是，有研究表明，螺旋藻对铅有一定程度的富集作用，重金属含量不可忽视，如果"多吃"，风险就大了。

有一类人群对螺旋藻过敏，如果你服用之后，脸上或者其他地方出现类似红疹的皮肤病，那就得停吃。

云南程海湖螺旋藻生产基地

程海湖螺旋藻生产基地

云南程海湖螺旋藻生产基地发展速度很快，近年来其年产螺旋藻干粉总量已达1200吨。

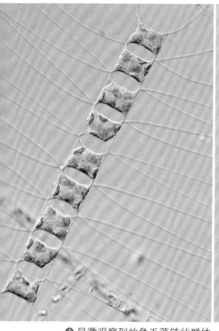
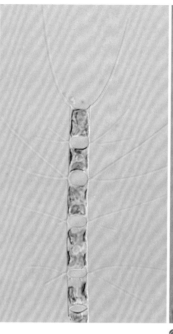
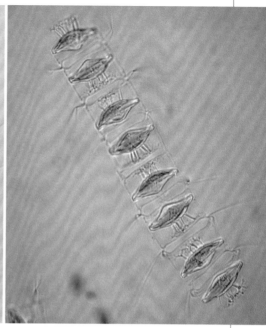

⬆ 显微观察到的角毛藻链状群体　　　　　　　　　　⬆ 显微镜下的角毛藻链状群体形态

● **角毛藻**

　　浩浩荡荡的南海浮游植物中，有一类叫做角毛藻。它拥有椭圆形或近圆形的壳面，还有两根角毛，不能小看它其貌不扬，它在海洋浮游生物中可占有重要的位置，角毛藻如今已经成为不能忽视的重要硅藻。鱼、虾、贝还有海参幼苗的养殖中，都离不开角毛藻这一重要天然饵料。

　　角毛藻是最常见的浮游硅藻之一，下至10℃，上至39℃都能生长繁殖。常见有洛氏角毛藻、窄隙角毛藻和牟勒氏角毛藻等。

　　角毛藻很小，细胞壁也很薄，有一个呈片状黄褐色的色素体，细而长的角毛从细胞四角生出。角毛的长度，常几倍于细胞体本身。链端角毛的形态，常和其他角毛不同，短而粗。它们和其他海洋浮游生物相比，有些特别，因为它们大部分种通常连成直的或螺旋状的群体，只有少数种单独生活，喜欢在沿岸性半咸水中生活。它们和其他海洋浮游生物（比如球等鞭金藻、湛江叉鞭金藻和扁藻）相比，还有一个优势，那就是繁殖快又耐高温，这一优势让它成为对虾、海参、文蛤、牡蛎、鲍鱼、魁蚶、海胆等海珍品的优质育苗饵料。举一个很有说服力的例子，东南亚渔业发展中心藻类实验室曾对6个品种的藻类做过实验，发现同其他5种藻类相比较，角毛藻饲料喂养的斑节对虾的生长率和存活率是最高的。

南海大型藻类

南海是天然"牧场"，在南海丰沃的"海田"中，还生活着片片海洋"牧草"。它们就是南海的小主人——海藻。海藻通过光合作用在海洋中生活。麒麟菜和江蓠是海藻家族中的重要成员，它们同紫菜、海蒿子等一样，在大海中默默生存，悠然摇摆，虽不动声色，却别有一番坚韧。

● 麒麟菜

李时珍在《本草纲目》中对麒麟菜有这样的记载："生南海沙石间，高二三寸，状如珊瑚，有红、白二色，枝上有细齿，以沸汤泡去砂屑，沃以姜、醋，食之甚脆。"短短几十字，就让你知道了麒麟菜这种植物的样子和吃法。

麒麟菜是海藻的一种，确切地说它归在红藻门下。麒麟菜一生中最依恋的东西是珊瑚礁。它不仅爱"黏着"珊瑚，长得也像珊瑚，紫红色圆柱形的身体，有不规则的分枝，分枝彼此重叠，缠绕成块。珊瑚的特殊形态适合麒麟菜附着生长和繁殖，而其中最为理想的生长处是鹿角珊瑚，如果能生活在鹿角珊瑚礁的外缘浪花带附近，那就更棒了。在那里，麒麟菜可以惬意地吸收太阳光透射到海水中的光线以及周围的无机物质，合成有机物质如淀粉等，再贮存在细胞中。如果夏、秋季节赶上几场雷阵雨，它就会长得很快。相反，在水流慢、淤泥多、温度低的地方，它就会蔫儿了。麒麟菜不喜欢冬春季节，最讨厌寒潮，长时间的低温

麒麟胶的用途

麒麟胶有黏稠、悬浮的特性，具有混合、成形、黏合、吸附等多种作用。例如，它可以让水和油很均匀地混合起来，并使该液体很快变得透明。

当前已成功应用麒麟胶的领域是日化及食品工业，如牙膏、护肤品、造纸（增加油光性及韧性）、香肠及蛋糕（增加光泽及柔韧性）、果冻及冰激凌等奶制品（助成形及耐常温）、果汁及罐头食品、果酒及威士忌（增加酒的透明度）等。

当前正在大力推广麒麟胶应用的领域有——

调味品：若食物中无脂肪或油则口感不好，加入麒麟胶后，改善了口感又不使食物的脂肪量增加。

压缩食品：加入麒麟胶后，可使食物在迅速膨胀的过程中保持结构的完整。

纺织印染：麒麟胶与染料混合会起强烈反应，从而有利于改进印染工艺，提高产品质量。

可能会造成麒麟菜的死亡，即使不被冻死，它体内藻体的含胶量也会大大"缩水"。那么，是不是说温度越高越好呢？其实也不是的，让麒麟菜最舒服的温度是20℃~30℃，如果水温超过35℃，麒麟菜也会受不了，不仅会"面黄肌瘦"，而且会分枝弯曲。一年到头都能保持在适合麒麟菜生活水温的最合适水域就是南海了，我国台湾岛、海南岛和西沙群岛都有麒麟菜的身影，其中以西沙群岛分布最广。

来自南海的这种麒麟菜用途非常广泛。首先，麒麟菜的体内含30%的胶，是制作卡拉胶的优良原料，也是制造琼脂的原料。其次，它富含多糖和纤维素，可以划入高膳食纤维食物之列。膳食纤维是人体必需的物质，具有防治胃溃疡、抗凝血、降血脂、促进骨胶原生长等作用，还能助你减肥。麒麟菜矿物质含量丰富，尤其是钙和锌，其钙含量是海带的5.5倍，裙带菜的3.7倍，紫菜的9.3倍；锌含量是海带的3.5倍，裙带菜的6倍，紫菜的1.5倍。此外，麒麟菜还可作药用，据《纲目拾遗》记载，麒麟菜能化一切痰结、痞积和痔毒。

⬆ 作为菜肴的麒麟菜

⬇ 养殖的麒麟菜

● 江蓠

江蓠，苗似苇蓣，叶似当归，香气似白芷。

其实，属于红藻类的江蓠在北方便换了另一个名字——龙须菜，而在福建一带，人们也叫它梅面线。它的身体非常柔软，还有点黏滑，"肤"色有黑褐色、黄绿色、紫绿色。晒干以后，颜色会变深，往往变成紫黑色，但易退色，逐渐变成淡红色或浅黄色，藻体也变得硬脆些。

↑ 江蓠

江蓠就像在水一方的伊人，"生性"宁静，喜欢在风浪比较平静的内湾生活，只需一股水注入，水流畅通，水质透明，砂泥平坦，在一颗贝壳、一些砂砾、一块小石头上江蓠就可以附着生长。它们"轻歌曼舞"，随水摆动。成熟的江蓠表面会生出一些疙瘩一样的囊果，里面就是一个个果孢子。这些果孢子成熟后，就会散到水中，随波逐流，直到碰到贝壳、砂砾或者石头，才会停下来，附着生长。从小江蓠长成大江蓠的时间并不长，两三个月就可以，一年能收获五六批。

江蓠为暖水性藻类，在热带、亚热带及温带都能生长，热带和亚热带海区分布的种类很多。南海也拥有多种江蓠，如绳江蓠、巨孢江蓠、樊氏江蓠、芋根江蓠、繁枝江蓠、细江蓠等都分布在南海。现在海南岛大量养殖的一种江蓠就是细江蓠。15℃~30℃是最适宜细江蓠生活的水温，低于10℃，细江蓠就会生长缓慢；超过35℃，它就很可能全部死亡。在海南岛，除了冬天，细江蓠都能生长，所以产量非常大。

琼胶能干什么？

琼胶又名琼脂、冻粉等，是一种高级食品，有降血压和润肠的作用。近年来世界各地都在食品中加入琼胶，如软糖、夹心饼干、夹心面包、雪糕、冰激凌等都适当地加入了琼胶，也有将琼胶放入罐头中作填充剂和稳定剂的。

江蓠经济价值很高，是制造琼胶的重要原料，按照江蓠干品来计算，它的含胶量可达25%！另外，据《本草纲目》记载，江蓠味性寒，有化痰、清热利水的功效。如果你想把这些好处落到实处，那可以试着亲手做一道以江蓠为食材的菜。广东、广西和福建等地的人们都喜欢这样吃：直接炒食，也可以把提取出来的江蓠胶煮凉粉食用。用江蓠煮水加糖服用就更可口了，养胃滋阴，清凉解热。

动物世界

鱼、虾、蟹、贝、海参等活跃在南海的各个角落——港湾、海岸带、近海、远洋。在南海这个大生态系统中，海洋动物各居其位，快乐地生活，它们喜欢南海适宜的水温和丰富的营养盐，世世代代在这里繁衍生息。

鱼类家族

南海海洋鱼类物种非常丰富，足有1500多种，很多具有极高的经济价值，比如石斑鱼、鲻鱼、军曹鱼、海马等。其中，西、南、中沙群岛的鱼类资源十分丰富，品质优良，而且盛产我国其他海区罕见的大洋性鱼类，如金枪鱼等。下面就让我们走入南海鱼类"家族"吧。

● 石斑鱼

如果你见到石斑鱼，会被它身上的斑斑点点或彩色条纹所吸引，仔细看它的嘴巴，会发现它的牙又细又尖，有的扩大长成犬牙，一幅凶神恶煞的模样。一旦尝过用石斑鱼做成的佳肴，你就会把它长得凶这件事抛到脑后。

来自深海的石斑鱼营养丰富，是营养之鱼、健康之鱼、美容之鱼。除了蛋白质含量高于一般鱼，含有人体所必需的多种氨基酸外，它的鱼皮胶质的营养成分对增强上皮细胞的生长和促进胶原细胞的合成有重要作用，健脾、益气，特别适合刚刚生完宝宝的妈妈吃。如果你想吃到肥美的石斑鱼，最好选择在4~7月这段时间。因为在南海，4~7月正是石斑鱼的产卵期，鱼的味道会格外鲜美。

石斑鱼有着不逊于变色龙的变色本领，因此，人们也把它叫做"海中变色龙"。一旦发现有天敌，它就会快速"变身"，让自己的身体与环境"融为一体"，很好地保护自己。石斑鱼其实是孤僻的，不喜欢和其他动物"打交道"，很多时候都是藏在礁石中过着隐居的生活。它怕响声，也怕强光，还有点近视，那它怎么抓吃的呢？造物主给它留了一个格外灵敏的鼻子，让它能够敏锐地发现食物，然后发动突然袭击。章鱼、螃蟹、龙虾等还没来得及反应，就被石斑鱼吞入腹中。

🐟 石斑鱼

东星斑是石斑鱼中很有代表性的一种，它拥有华丽的"外衣"，有蓝色、红色、褐色和黄色等几种体色。它蓝色的眼睛有乌黑的瞳仁，身上则布满花点，犹如天上的星星落在了它的身上，这就是"星斑"的来由。那么，"东"表示什么意思呢？还有"西星斑"吗？确实还有"西星斑"，这一东一西，就代表了南海的"东沙群岛"和"西沙群岛"，东星斑主要产自东沙群岛，所以就叫东星斑。东星斑不论大小都可以清蒸来吃，上桌之时，细薄的鱼皮裂开，露出那雪白的鱼肉，让人垂涎三尺。东星斑炒球，更是海鲜席的经典菜式。就味道来说，将"鱼"比"鱼"，"东星斑"胜过"西星斑"，东星斑的价格也往往会比西星斑贵，每千克要高出100元左右。

苏眉，是石斑鱼家族中的"拿破仑"。为什么给它起了这个名字？还要从它高高隆起的额头说起。苏眉隆起的额头，像极了拿破仑戴过的帽子，所以人们就开玩笑地这样称呼它了。像它的名字一样，苏眉其实非常美丽，不仅可食用，而且可做观赏之用。眼睛后方两道状如眉毛的条纹，墨绿色的头颈，黄绿色的体侧，深色的波状横纹，紫色的鳞片末端，都让它在海洋鱼类中显得高贵优雅。

⬆ 东星斑

苏眉喜欢独自或者成对地在珊瑚礁礁盘内侧的浅水区游泳，是热带珊瑚礁生态系统食物链中最高层次的一种鱼。它食谱很广，菜单里甚至还包括一些有毒的和有棘刺的动物，比如海胆、棘冠海星、硬鳞鱼、海兔等。那么，苏眉吃了这些有毒动物后不会中毒吗？答案是"不会"。这些毒素不会影响苏眉的健

⬆ 苏眉

康，但是会在它的体内积聚起来，如果人吃了毒素没有清理干净的苏眉就会中毒。

苏眉还有一个特点就是雌雄同体。就苏眉来说，一小部分成年雌性苏眉可能会变成雄性，甚至是超雄性，这种情形常发生在另一只超雄性苏眉首领死去时。超雄性苏眉是一群苏眉鱼的首领，它比其他所有雄性苏眉都大，有着独特的颜色和花纹。

苏眉天敌相对较少，自然死亡率低，按理说它应该数量很大。但不幸的是，在过去的30年中，这个种群的数量急剧减少，竟然减少了至少50%，这是个惊人的比例。这到底因为什么呢？苏眉很早就是赫赫有名的经济鱼类，1千克苏眉可以卖到200美元，一条成年苏眉可以卖数千甚至上万美元，巨额的利润让很多想赚钱的人急红了眼，他们冒险去捕捉苏眉，捕猎者一旦掌握了苏眉聚群交配的时间与地点，就可将其一网打尽。本来种群密度就不高的苏眉（平均每公顷珊瑚礁内有成年苏眉2~20条，其实很少多于10条）一下子就面临种群灭绝的威胁。国际社会已经意识到问题的严重性，在2004年将苏眉列为《世界自然保护联盟红皮书》的濒危物种，同年10月又将其列为CITES《濒危野生动植物物种国际贸易公约》附录II中的保护物种。虽然苏眉已经被列为濒危保护动物，但是对它的偷捕、私运、黑市交易仍在继续。这些从事地下交易的人有没有想过这样的问题，现在我们仍能见到苏眉，但是多少年后，我们可能只能像看大熊猫一样去水族馆看它们了。

　　"没有买卖，就没有杀害。"

● 鲻鱼

　　《台海采风图考》是这样描述鲻鱼的："鮡鱼（鲻鱼）黑色如鳅，长不盈尺，二目突出于额，身多绿斑。志称多在海边泥涂中，善跳跃，土人以为美味。置于地上能跳，亦能行数步。"

鲻鱼

鲻鱼细长，有些像棒槌，所以人们又叫它"槌鱼"，眼圈大，内膜与中间带黑色。它不像其他鱼对于温度和盐度有严苛的要求。它对环境的适应能力非常强，无论是在淡水、咸淡水中还是在盐度高达40的海中，它都能优哉游哉，水温低到3℃，高到35℃，生活都没有问题。当然，它还是更喜欢温暖的地方一些，温热带海域，浅海或河口水深1~16米的水域，是它经常栖息的地方。天冷时它也有法子，游到深海中生活。它也不挑食，海底淤泥上的附着物以及小型生物它都吃得津津有味，藻类它也不拒绝，把自己养得肥肥美美的。

鲻鱼肉含蛋白质为22%，脂肪为4%，富含B族维生素、维生素E、钙、镁、硒等营养元素，早在3000多年前，鲻鱼就是王公贵族的高级食品之一。鲻鱼还有药用价值，其鱼肉性味甘平，有健脾益气、消食导滞等功能，对医治脾虚、消化不良、小儿疳积及贫血等病症都有一定疗效。鲻鱼无细骨，鱼肉香醇而不腻，味道鲜美，尤其是冬至前的鲻鱼，鱼体腹背都很丰腴，常被作为宾馆酒楼的海鲜佳肴。

乌鱼子的做法

乌鱼子的做法是，将鱼子漂清，除去附带物，放在木板下压去水分至相当程度，把它压为扁平形；再取出整形，用麻绳扎好，挂起来晾干。

乌鱼子

上好的鲻鱼，清蒸也可，煎炸也可，油浸也行。直接用鱼生拌酱料，便是潮汕人家喜爱的"生炊乌鱼"。鲻鱼生炊熟后，用一小碟普宁豆酱作蘸料，真真是滋味美妙无比。如果把它加工成鱼糜、鱼丸、鱼片、鱼罐头等，就成为营养、保健、方便和美味兼备的食品。

提到鲻鱼，便不得不提到"乌鱼子"。这是鲻鱼的哪个部位呢？——是它的卵巢。上好的乌鱼子表面是琥珀色，几乎透明，丰美坚实。乌鱼子含有丰富的蛋白质、维生素A和脂肪，其中脂肪的主要成分是蜡脂，有补养神经的功效，比一般鱼卵所含有的磷脂更加珍贵。这样珍贵的乌鱼子，吃起来也很讲究，你可以把它放在生葱上，用白萝卜片包裹，三者一道入口，慢慢咀嚼，便有一种只可体会不可言说的滋味在心头。

● 金枪鱼

吃过金枪鱼寿司吧？带有轻微的大理石纹理的金枪鱼肉取自金枪鱼上腹，不肥不腻，配上藏在鱼片和米饭之间的芥末酱，一旦触及味蕾，香味便萦绕舌尖，让人赞不绝口。这道寿司之所以成为人间美味，最关键的就是食材——金枪鱼。

为什么金枪鱼肉质特别柔嫩鲜美？这是由于它是大洋洄游性鱼类，必须时常保持快速游动，瞬时时速可达160千米，一般时速为60～80千米，使它游出了一身"好肌肉"。为了补充不停游动及旺盛的新陈代谢所消耗的能量，金枪鱼必须不断地吃东西。金枪鱼一餐就要吃掉相当于其体重18%的食物，相当于一个体重70千克的男人一餐吃掉两只带骨的大公鸡。金枪鱼都吃些什么呢？它反应迅速，是海洋中的"超级猎手"，乌贼、螃蟹、鳗鱼、虾及其他一些海洋动物都逃不出它的大口。金枪鱼一般在大洋深处活动，受到环境污染的概率小，不仅生食是美食中的极品，熟食也很鲜美，有"海底鸡"和"海洋黄金"的美名。

● 金枪鱼

● 金枪鱼生鱼片

金枪鱼又叫鲔鱼、吞拿鱼。全世界的金枪鱼有30多个品种，我国产有十几种，其中经济价值较高的有蓝鳍金枪鱼、马苏金枪鱼、大眼金枪鱼、黄鳍金枪鱼、长鳍金枪鱼等。不管是何种金枪鱼，它们具有共同的特征：身体呈纺锤形、圆筒状或者稍侧扁，身体很健壮，胸部有大鳞片，头部是青蓝色，腹部灰白色。长的能有两三米，体重200~500千克。当然不是所有的金枪鱼都有这么大，一般来说，金枪鱼长40~70厘米，体重2~5千克。

金枪鱼很有团队意识，比如黄鳍金枪鱼总是以"团体"的形式"出动"，它们的队伍非常有秩序，长得小的在前面，个头大的在后面，最前面还有"领头鱼"。鱼群总是跟着"领头鱼"一起行动。所以，在捕捞时，最关键的就是抓住"领头鱼"，所谓"擒贼先擒王"嘛。

绝大多数鱼类是冷血的，而金枪鱼却是热血的。金枪鱼是美食界的宠儿，除了鲜销外，一般都经冷冻制成冷冻金枪鱼肉，制成生鱼片、寿司、调味食品或罐装食品。我国台湾省一般将黑鲔鱼肚当做生鱼片中的最好美食。背部吃起来就像高级牛肉，鱼头则拿来煮汤或清蒸。这么受欢迎，不仅因为它美味，还因为它营养丰富。与其他鱼及肉类相比，金枪鱼蛋白质含量最高，又含有丰富的氨基酸和DHA，经常食用金枪鱼，有利于脑细胞的再生，可促进大脑发育，改善记忆力，预防老年痴呆症，防止和治疗视力低下，还能有效预防和治疗缺铁性贫血。

● 军曹鱼

要问南海鱼世界里谁长得像艘小军舰，那名单里一定有军曹鱼的名字。

军曹鱼长得身材细长，体表上的间色纵带十分抢眼，胸鳍是淡褐色，腹鳍和尾鳍上边缘则是灰白色。少数军曹鱼不仅身体颜色与众不同，还有排列整齐的发光点，特别像军官服上

军曹鱼

缀着的金属纽扣。这些发光点耀眼夺目，数量惊人，有300多个呢。这些发光器官的表面覆盖着一层不透光的膜。发光器官的前端有一透镜装置，聚光作用由此而产生，发光器内部的一种黏液具有在黑暗中发光的特性。但它平时几乎不用自身发的光来照明，只有到了交配季节，军曹鱼才会施展"军曹"威风，大放光辉。

军曹鱼体长可达到1米以上，通常几千克重，大的可以达到十几千克甚至数十千克。军曹鱼为暖水性鱼类。在我国除南海海域出产外，在东海海域也有分布，但近十年来在东海基本上捕获不到，而在南海则被大规模养殖，是珍贵的食用经济鱼类。为什么在南海呢？因为军曹鱼在那里能找到最适宜它生长的海水温度（25℃~32℃）。如果水温升至36℃，军曹鱼虽有摄食行为，却开始死亡，10℃以下摄食减少或不摄食，3℃以下就可能受到冻害。

军曹鱼是肉食鱼，它以虾、蟹和小型鱼类为食物，吃得多，吃得快，消化力强，养殖半年就能达到3~4千克，1年可达6~8千克，2年可达10千克以上。和金枪鱼一样，军曹鱼肉质鲜嫩，也是制作生鱼片、烤鱼片的上好材料，不仅如此，它肌肉中的氨基酸和多不饱和脂肪酸也较丰富，微量元素组成全面，具有较高的营养价值和药用价值。

● 海马

相不相信，在海中也能见到"马"，这匹"小马"还是袖珍型的，体长也就十几厘米，最大的不过30厘米。它其实不是马，而是一种鱼，因为长了一个酷似马头的鱼头，所以就叫它"海马"了。仔细看，还会发现，它长了一双蜻蜓一样的眼睛，这双眼睛可以各自上下、左右或者前后转动，身体不能轻易转动，就靠这双好用的眼睛来观察环境了。

⬇海马

　　海马身披环状的骨质板，有些像士兵的盔甲，它还有一条像大象鼻子一样灵活的尾巴。海马有些"头重脚轻"，如果平时不用尾巴卷住海藻的茎枝，那就很有可能失去平衡。如果为了吃饭不得不离开海藻一会儿，它就会直立在水中，完全靠背鳍和胸鳍高频率地做波状摆动来达到挪动的目的，游一会儿后，就会找其他的海藻或其他物体，"歇会儿"再出发。

　　南海是我国海马的乐园，因为它们喜欢栖息在水温较高、水质澄清、藻类繁茂的浅海区。最重要的是，热带、亚热带地区生活的生物种类和数量都很多，这样海马就不用"为吃发愁"了。海马主要摄食小型甲壳动物，常常把自己

海马

⬆ 雄海马的育仔

长长的吻管伸向食物，就一下吸入口内，对大海马来说，每天吃掉100多只小虫、小虾也是再平常不过的事。

在海马家族，雄海马负责孵化小海马。其神奇的腹囊在平时是看不出来的，到了生殖季节，雄海马的腹囊就会增厚变大，壁上充满血管，为孵化鱼卵做好准备。产卵时，雌、雄海马腹面相对，尾巴互相蜷曲，直立游泳，时分时合。经过一段时间，雌海马将鱼卵一个个送进雄海马的腹囊。15天之后，一个个小海马就会从雄海马的腹囊里钻出来。有时小海马受到惊吓，就会回到"安乐窝"里。海马每"胎"一般可产数十尾至百多尾，多的还能达到千尾以上。海马的繁殖力很强，一年可以"怀孕"10多次。

"北有人参，南有海马"，别看海马小巧，它可是一种名贵的药材，据《本草纲目》等医书记载，海马具有温通任脉、暖水脏、壮阳道、镇静安神、散经消肿、舒筋活络、止咳平喘等功效。主要产于我国广东和海南省海域的海马中，药用价值较大的种类有三斑海马、冠海马、大海马。

干海马的作用

海马经加工变干后仍保持其原有形状和斑纹，美观华丽，还可以用干海马制成耳环、胸针、锁匙扣等装饰品和吉祥物或辟邪物，因此，干海马是备受欢迎的收藏装饰品，在全国各海滩度假胜地和贝壳工艺品商店都有出售。

⬆ 海马药材

盔甲卫队

虾和蟹一个细长，一个扁圆，模样迥异，但同属节肢动物门甲壳纲的十足目。从外观上看，虾和蟹都用坚硬的甲壳来保护身体内部的柔软组织。它们的肌肉和内脏都是柔软的，肉质细腻、味道鲜美，是人们喜欢食用的海产品。

我国四大海都有虾蟹分布，而南海的龙虾、大螃蟹和元宝蟹等"独领风骚"。

↑ 龙虾

烹制龙虾的方法

　　烹制龙虾，有一点必须注意：剔去其屎肠（亦称沙线），因为这是藏污纳垢的部分，藏着很多致病微生物，不小心吃下去很容易得病。还要注意"放尿"：虾腹朝下，扳起尾部，用一根筷子从近尾叶的底端插入其体内，再抽出筷子，会随之排出一些有异味的液体；若不去除，会影响其美味。

● **龙虾**

　　龙虾是虾类中体型最大的一类，身体平均长度能达到20~40厘米，重达500克左右。世界上最大的龙虾长达1米多，最重的在5千克以上，真要叫它另外一个名字"龙虾虎"了。

　　澳大利亚和南非所产的龙虾质量上乘，而在我国要找优质的龙虾，就要到南海和东海去了，其中又以广东南澳岛产量最多，夏秋季节是吃龙虾最好的时候。

　　龙虾营养丰富，其蛋白质含量高于大多数鱼虾，其氨基酸组成优于肉类，含有8种人体必需氨基酸。龙虾的脂肪含量不但比畜禽肉低得多，比青虾、对虾也低许多，而且其脂肪大多由人体所必需的不饱和脂肪酸组成，易被人体消化和吸收，具有防止胆固醇在体内蓄积的作用。和其他水产品一样，龙虾含有人体所必需的矿物质成分，其中含量较多的有钙、钠、钾、镁、磷，比较重要的有铁、硫、铜等。龙虾中矿物质总量约为体重的1.6%，其中钙、磷、钠及铁的含量都比一般畜禽肉高，也比对虾高。经常食用龙虾肉可保持神经和肌肉的兴奋性。

　　与其他虾相比，龙虾体大肉多，吃起来非常过瘾。老百姓吃虾一般是蒸熟或煮熟后剥壳取肉，吃它的鲜味。而这么大的龙虾如果不作为粤菜的食材，实在可惜。所以，福建、广东、海南等地，一般是先从生龙虾中剥出肉，用刀做出形后再进行烹饪。另外，白灼、干酪焗也是著名的烹饪方法，"上汤火焗龙虾"、"油泡龙虾球"、"蒜茸蒸龙虾"等都是著名的粤菜料理。在挑选龙虾时要注意，活龙虾的尾部稍微卷起，如果尾部是直的，烧熟后龙虾的肉不好吃的可能性就非常大。

龙虾不仅可以入菜，还可以入药。根据有关药用书籍记载，龙虾肉味甘咸、性温，具有补肾壮阳、滋阴健胃的功效，可以治肾虚阳痿、神经衰弱、筋骨疼痛、皮肤瘙痒等症。

● 南美白对虾

南美白对虾又称凡纳滨对虾。浅青灰色的南美白对虾，像极了中国对虾，因它原产于南美洲太平洋沿岸海域，所以名字里带上了它原生地的地名。现在的南美白对虾已经在我国安家落户了。1988年，中国科学院海洋研究所张伟权教授将它从美国带到中国，现在已经"遍地开花"，广东、广西、福建、海南、浙江、山东、河北等省或自治区都能找到它的身影。

南美白对虾个体大、生长快、营养需求低、抗病力强，对水环境因子变化的适应能力较强，对饲料蛋白含量要求低，出肉率高达65％以上，离水存活时间长。这些优良的特点使它在中国南方快速"安家落户"，形成了一个很有影响的产业。

虾青素，是值得一书的重要物质。南美白对虾体内的虾青素，是目前发现的最强的一种抗氧化剂，被称为"超级维生素E"。虾体颜色越深说明虾青素含量越高。虾青素已被广泛用在化妆品、食品添加剂和药品中。

广东是我国的渔业大省，它是全国南美白对虾的主产区，养殖面积达9万公顷，产量50多万吨，居全国第一位。南美白对虾也是广东水产品出口的主导品种。海南也在南美白对虾的育种方面有所作为，如今，"国家级南美白对虾遗传育种中心"已经落户于琼海市长坡镇的海南省热带海水水产良种繁育中心，这对于促进海南以及全国对虾养殖业发展具有重大意义。

🔺 南美白对虾

● 南海大螃蟹

人们通常吃的螃蟹只有碗口那么大，你见过和脸盆差不多大的螃蟹吗？它的蟹钳足有人的手腕粗。在南海，就生活着这么大的螃蟹。南海海底礁石多，遍布螃蟹栖息繁殖的洞穴。南海海泥中还有丰富的腐殖质，丰富的营养物质养育着种类繁多的螃蟹，有些螃蟹大得出奇。

螃蟹与龙虾等一样也有食疗价值。它性寒、味咸，归肝、胃经，有清热解毒、补骨添髓、养筋接骨、活血祛痰、利肢节、滋肝阴、充胃液之功效，对于淤血、黄疸、腰腿酸痛和风湿性关节炎等有一定的食疗效果。

史料记载的南海大螃蟹

《太平御览》引《岭南异物志》云："尝有行海得州渚，林木甚茂，乃维舟登崖，暴于水旁，半炊而林没于水，其缆忽断，乃得去，详视之，大蟹也。"

● 锯缘青蟹

在我国南海海域，如广东、广西、福建和台湾的沿海区域，生活着这样的一种锯缘青蟹。它身体泛着青绿色，附肢也是青绿色的，喜欢在靠近海岸的浅海和河口等地方的泥沙底面钻洞穴居，也喜欢在滩涂水洼和岩石缝里面生活。白天的时候，锯缘青蟹住在洞里面营穴居生活。晚上的时候就到处找食物吃，因为它的眼睛和触角的感觉很灵敏，即使在晚上也能活动自如。夏天的时候，水浅的时候它大多数时候会潜伏在泥沙底下避暑，这个季节也是它活动最频繁的时候。相反，到了冬天的时候，它的活动就很少了，天气冷的时候它就在低潮的浅滩处挖出洞来开始越冬。

● 锯缘青蟹

锯缘青蟹的食性很杂，经常吃的食物是滩涂上的蠕虫，也吃海洋里面的小动物，像小的杂鱼、小虾和小的贝类它都喜欢吃。甚至有的时候，它们还会自相残杀，一些刚刚脱壳不久的锯缘青蟹在壳还是软软的时候一不小心就成为了同类残食的对象。

锯缘青蟹的肉味道鲜美，营养很丰富，不仅有滋补的作用，还能起到强身的功效。特别是雌蟹，被我国南方人看作是"膏蟹"。现代的营养分析也表明，蟹肉里面含有丰富的蛋白质和微量元素，对身体有很好的滋补作用。

● **元宝蟹**

元宝蟹，蟹如其名，像一个个大元宝，每只螃蟹至少也有750克，肉很厚很嫩，一见便有食欲。它的外表光滑，腹部有时会渗出白色的蟹肉，全身缩起来时，就像蒸出来的馒头、烤出来的面包一样，所以它又叫馒头蟹、面包蟹。它的蟹足非常厉害，能夹破贝壳，以螺肉为食。

元宝蟹是南海独有的螃蟹品种，多栖息于温带至热带海域30~100米水深的泥沙质海底。我国主要分布在台湾海峡和广东、福建沿海。它一般生活在布满沙砾和五颜六色的鹅卵石的海底，我国著名的大沙渔场就生活着这种蟹。

⬆ 元宝蟹

元宝蟹的壳可以入药，秋天的时候，在沙滩或岩岸石缝中可以捕到它，除去肉和内脏，将壳洗净晒干备用，可以通阳散结。它的肉含蛋白质、氨基酸、脂类等，营养丰富。

螃蟹新鲜度鉴别方法

	新鲜	不新鲜
颜色	背部为青灰色	暗淡、红
肢体的连接程度	紧	松弛，提起时附肢下垂
腹脐上方的"胃印"		黑色
鳃	清晰、清洁	腐败、黏结
蟹黄	固体样或半流体	稀薄（变质）

南海宝"贝"

贝类的种类惊人得多——竟有12万多种，你可以找到像帽子的，可以找到像宝塔的，还有像圆盘的、陀螺的，甚至有球一样的贝类。想找大的，可以找到砗磲，长1.8米，重200多千克。从寒带到热带，从海边到1万米深的深海都有它们的踪迹。但永远不变的是——它们的身体由头、足、内脏囊、外套膜和贝壳5部分组成。

湛蓝南海有着我国四大海中种类最为丰富的贝类，这是上天赐予南海的礼物。滋味鲜美的近江牡蛎、肉质柔嫩的杂色鲍、丰腴细腻的东风螺，这些浸着南海新鲜阳光味道的海味最好不加任何调料，清水蒸煮，就能尽显食材真实、自然的味道。

● 褶牡蛎

褶牡蛎的壳上长有褶皱，所以干脆就叫它"褶牡蛎"。它一般长3~6厘米，三角形或长条形，壳薄而脆，表面有很多层同心环状的鳞片，壳表面多为淡黄色，杂有紫褐色或黑色条纹，壳内面为白色。

⬆ 褶牡蛎

广东、福建盛产的褶牡蛎是重要的经济贝类，肉味鲜美，营养丰富。每百克肉含蛋白质11.3克、脂肪2.3克以及丰富的维生素、微量元素和能降低胆固醇的物质。它还含有较多的牛磺酸，而牛磺酸是一种含硫氨基酸，具有多种生理活性，而且具有解热消炎作用，能使机体增强免疫力、降低血压，抑制血小板聚集；保护心肌，抗心律失常；降血脂等。它的壳可以用来烧石灰。

● 近江牡蛎

近江牡蛎的壳大而厚，有的是圆形的，有的则是三角形的，长方形壳的近江牡蛎也能找到。

它一般生活在低潮线附近至10米水深、潮流畅通、风浪较小、常年有淡水注入的河口地带，把壳附着在岩石或其他物体上生长。它对光非常敏感，一旦有阴影掠过，就会马上把壳闭起来。

近江牡蛎不光可以鲜食，而且可以做成蚝豉、蚝油。蚝豉、蚝油是我国传统的出口商品，在国际市场上广受欢迎。

⬇ 近江牡蛎

● 杂色鲍

　　南海的杂色鲍，又叫九孔螺，主要分布于广东、广西、福建和海南沿海，它生活于潮下带的岩石、珊瑚礁、藻类丛生的海底。它的壳非常坚硬，壳面左侧有一列突起，前面7~9个开孔，这就是叫它九孔螺的原因。它的壳从外面看是褐绿色的，从里面看是银白色，有珍珠般的光泽。

　　杂色鲍拥有粗大的足和平展的跖面，凭借它们可吸附于岩石之上，爬行于穴洞之中。鲍鱼肉足的附着力非常惊人，捕捉鲍鱼时，只能乘其不备，以迅雷不及掩耳之势用铲将其从岩石上铲下或将其掀翻，要不然即使砸碎它的壳也休想把它取下来。

　　《食疗本草》记载，鲍鱼"入肝通淤，入肠涤垢，不伤元气。壮阳、生百脉。"鲍鱼的壳，中药称石决明，因其有明目退翳的功效，古书又叫它为"千里光"。石决明还有清热平肝、滋阴壮阳的作用，可用于医治头晕眼花，高血压引起的手足痉挛、抽搐等症。

⬆ 杂色鲍

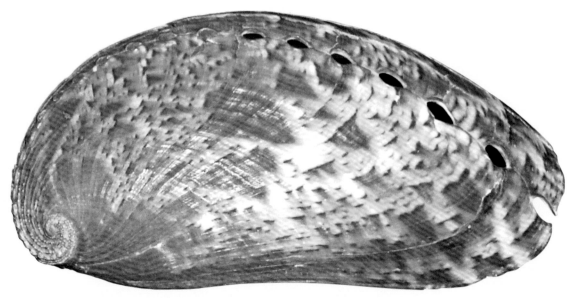

🔴 东风螺

🔵 东风螺

东风螺，肉质鲜美，脆嫩爽口，含有大量对人体有益的蛋白质，营养价值及口碑与鲍鱼齐名。

它另外的几个名字也非常好听——花螺、褐云玛瑙螺，这是因为它螺旋形的壳上长满了白色或者黄色而带有红棕色不规则条纹或焦褐色霞样的花纹。花纹在螺壳上盘旋，螺层又高又宽，说明东风螺生长得好。它的壳可以保护它，一有危险它就逃进螺壳中。

我国广东、福建、广西、海南和台湾等地能为它提供喜欢的生活环境——温度、盐度适宜的软泥和泥沙质海底。

它形似田螺，吃法在广州与吃田螺差不多，爆炒东风螺是南方名菜。

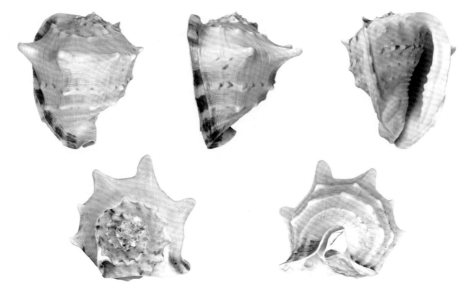

⬆ 唐冠螺

● 唐冠螺

下面出场的是四大名螺之一——唐冠螺，它没有大法螺美丽的花纹，没有鹦鹉螺悠久的历史，但有强健的体魄和像唐代冠帽一样的壳。

唐冠螺算得上是大型海螺了，长和高都可以达到30厘米左右，掂一掂会发现海螺壳很厚重。

唐冠螺喜欢暖和的海域，在我国分布于台湾省和西沙群岛海域。在低潮线水深1~30米的珊瑚底质浅海慢慢移动，找些棘皮动物来吃，是它们最爱干的事情。

它的肉可食用，壳可供观赏，也可用于雕刻。

海螺里能听到大海的声音吗？

有人说，把海螺放在耳边，可以听见来自远古时期的海浪声。这是真的吗？

其实，在海螺里能听见声音，主要是因为共振。根据物理学原理，如果来自海螺以外的振动或声音的频率与海螺内腔固有的频率相同，就会发生共鸣，共鸣会把声音放大。当我们把海螺扣在耳朵上听时，我们听到的就是这种共鸣，或说是放大了的声音。其实，我们把一个纸盒或空的热水瓶扣在耳朵上，同样能听到共鸣声。

● 珍珠

钻石、珍珠、玛瑙、金银都是时光凝聚的美丽，如果问这里面谁能称得上"清水出芙蓉，天然去雕饰"，那一定非珍珠莫属，它天生丽质，取泽于海，无需人工修饰便可直接使用。南海是我国主要的海水珍珠产地，这里的珍珠颗大雍容，色泽俏丽，典雅庄重，气度不凡。

珍珠的前身可能是一颗细小的沙粒，也可能是一只小虫，机缘巧合，原先静静藏在海底一角的它们偶然进入了贝类的身体，跑到了贝壳珍珠层和外套膜之间。贝类的身体受到刺激，受刺激处的外套膜表皮细胞就会把沙粒或小虫包围起来，并分泌一种珍珠质，一层又一层地把它包裹起来。在珍珠贝类体内"修炼"一年半到两年，原先"其貌不扬"的沙粒或小虫就会360°大变身，成为一颗温润的珍珠。

一种贝类一种珍珠。珍珠的大小会因载体的不同而不同。鲍鱼、贻贝、江珧、砗磲等因为贝壳内外套膜的部分细胞有分泌角蛋白和碳酸钙的作用，能形成珍珠质层，也能形成珍珠，但是以它们为母体出产的珍珠质量并不是上

乘的。所产珍珠质量最好的贝类是大珠母贝，它所产的银白色珍珠，颗粒最大，平均大小为13厘米，色泽迷人，驰名于国际市场。在中国，大珠母贝是南海特有的珍珠贝种，从南海的北部湾东北部，沿雷州半岛近海南下，越过琼州海峡，环绕海南省直到西沙群岛、南沙群岛都有分布。这些地方珍珠的蕴藏量约占全海南省各类珍珠总蕴藏量的90%！珍珠美丽，它的"母亲"也很美丽，大珠母贝贝壳大而坚厚，呈蝶状，左壳稍隆起，右壳较扁平，前耳稍突起，后耳突消失成圆钝状。壳面呈白棕色或棕褐色，壳顶鳞片层紧密，壳后缘鳞片层游离状明显，壳内面具珍珠光泽。远远看去，栖息在珊瑚礁水域的大珠母贝宛若一只只蝴蝶，所以，我国台湾又称它为"白蝶珍珠蛤"。我国从20世纪60年代开始捕捞大珠母贝，到1982年捕捞量达100吨，使其濒临绝种。大珠母贝因数量较少，价值较高，已被列为国家二级保护动物。目前，我国已开展大珠母贝及其珍珠的人工培育，种群资源得以挽救。

◑ 养殖的大珠母贝

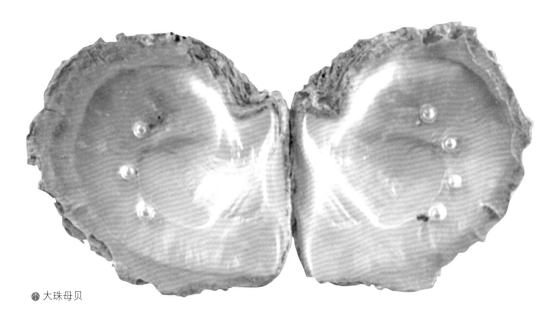

⬆ 大珠母贝

　　为什么南海的珍珠这么大？这与大珠母贝及南海海水分不开，大珠母贝体型较大，腺体也大，分泌速度快，珍珠质得以快速生成。南海海水富含大珠母贝的美食——浮游生物，温暖的水温也加快了大珠母贝的新陈代谢。大珠母贝在南海生活舒适，又有美食相伴，可以舒舒服服地让珍珠长大，孕育光泽，两年的培育周期让珍珠越长越美丽。

　　珍珠的颜色是多种多样的。海水贝（如马氏贝、企鹅贝、黑蝶贝等）产的珍珠颜色较单一。淡水蚌（如三角帆蚌、池蝶蚌等）产的珍珠颜色较丰富，常有白色、金黄色、紫色、粉色、蓝色、奶油色等，在同一个蚌里经常可以同时产出不同颜色的珍珠。商业贸易中称的黑珍珠不仅指极少见的真正黑色的珍珠，也包括深灰色、蓝色、紫色和褐色珍珠。

　　珍珠不光美丽，而且有镇静安神、清热解毒、止血生肌、明目去翳的药用价值。另外，珍珠粉也广泛用于化妆品中，养颜滋补。这位"珠宝皇后"还频频在首饰、装饰品中亮相，成为高贵、纯净、典雅的代名词。

⬆ 珍珠项链

海参

海参、燕窝、鱼翅、鲍鱼、鱼肚、干贝、鱼唇、鱼子，它们被视为宴席上的上乘佳肴，俗称"海八珍"。其中，海参贵居其首。海参全世界有上千种，我国多达140余种，而世界上能食用的四五十种海参中我国海域就有20多种，且大部分产于南海海域。黑海参、玉足海参、黑乳参、糙海参、图纹白尼参等就是南海动物世界中经济价值较高的"海中人参"。

● 黑海参

黑海参，参如其名，全身深黑，趴着的黑海参有点像腊肠，20个触手"张牙舞爪"，身体背面的疣足小，散生不规则，腹面管足较多，排列也不规则，身体表面常粘有沙粒，黑黑的、怪怪的，所以它还有个名字叫"黑怪海参"。

黑海参喜欢群居，喜欢海水平静、海草多、有机质丰富的岸礁附近。在西沙群岛、南沙群岛和海南岛海域的潮间带和珊瑚礁的沙质海底都能发现黑海参的身影。

它还有良好的药用价值，黑海参口中流出的白色黏液可用于治外伤出血、止痛。

⬆ 黑海参

海参

● 玉足海参

潮间带珊瑚礁或者石堆多的水洼是玉足海参爱待的地方。在我国，福建南部、台湾、广东、广西、海南岛和西沙群岛的近岸浅水区符合它选择居住地的标准。

玉足海参小时候身体是紫褐色的，长大后体色越来越深，背面暗褐色，腹面淡一些。它的背面散生少数呈乳状突起的疣足和管足，腹面管足较多，排列不规则。

玉足海参是有益的补品，有补肾养血、益肺补脾、催乳、止血、抗癌的作用。

↑ 玉足海参

● 黑乳参

南海的黑乳参，到了东南亚等地就有了另外一个名字——"乳房参"，西沙群岛的渔民更喜欢叫它"乌尼"。我国以海南岛、台湾岛和西沙群岛出产最多。

它们有时栖息在岩礁内有少数海草的沙质海底，有时趴在有海草的珊瑚上，身上总是粘着一些细沙，性情温顺，反应迟钝。它全身黑褐色，常带白斑，两端钝圆，"心宽体胖"，身体两侧各有几个较大的乳状突起。干制品肉为青棕色或青色，呈半透明状。

黑乳参对于痛经和产后催乳有奇效。黑乳参也是优质的食用参，干品中粗蛋白含量最高可达到91.2%。

↑ 黑乳参

● 糙海参

糙海参圆圆滚滚，摸上去有些粗糙，圆柱形，又叫象牙参、白参、明玉参，个头为30~40厘米，"身围"为10厘米左右，有的"胖子"能达到70厘米。糙海参肉厚、口感脆嫩，属于经济价值很高、市场畅销的优质食用海参。糙海参有滋补肺肾、通肠润燥、止血消炎的作用。

↑ 糙海参

为什么摸上去会感觉粗糙？因为它皮肤的骨片很发达，还是深、浅两层；浅层的骨片是桌形体，底盘是不规则的方形；深层的骨片是椭圆形的。体色变化很大，普通糙海参的背面颜色从浅灰到暗绿到褐色都有，还有数条不规则的黑色横纹。

糙海参多生活在岸礁边缘，海流强、海草多的沙底，分布在我国广东、广西沿海，海南岛，西沙、中沙、南沙群岛等地。但是由于过度捕捞和珊瑚礁破坏，糙海参种群数量下降得非常明显。

● 图纹白尼参

图纹白尼参是重要的热带食用海参，西沙群岛的渔民大多叫它"白尼参"。

它体形肥胖，近短圆筒形，体长30~40厘米，直径5~10厘米。

图纹白尼参的体色差别很大，有的呈大理石花纹状，有的呈地图斑块状，还有的前、后各有一块大斑。

图纹白尼参生活在海南岛南端和西沙群岛的沙质海底，喜欢用沙把自己"埋"起来，很少暴露。

图纹白尼参干制后肉质薄，是大型食用海参。在糙海参、梅花参等15种海参中，图纹白尼参含钙最高，食用有非常好的补钙效果。

⬇ 图纹白尼参

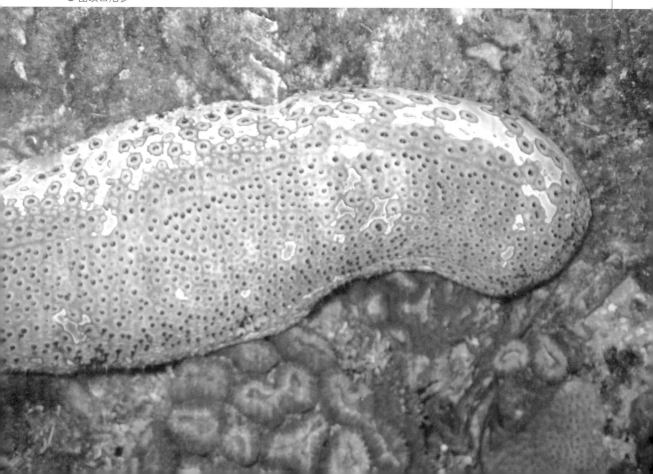

● **再说海参**

不管是黑海参、玉足海参，还是黑乳参、糙海参、图纹白尼参，它们都是可食用海参"家族"的重要成员，如果你还不清楚海参到底有哪些营养价值，让它们如此"抢手"，那就看下面的介绍吧。

海参是一种高蛋白、低胆固醇、低脂肪的食材，这一特点在众多食材中非常少见。在补充人体所需蛋白的同时，又不加重人体对脂肪、胆固醇的负担，因此，非常适合老年人及体弱多病者食用。

海参中富含多种营养成分，如氨基酸，它是构成蛋白质的基本物质，也是人体生命活动所需的主要成分。海参是精氨酸的"宝库"，而精氨酸又是合成人体胶原蛋白的主要原料，可促进机体细胞的再生和机体受损后的修复，提高人体的免疫力。

海参体内含有珍贵的海参多糖，药用保健价值极高，有抗肿瘤的功效。因此，不少保健品以海参多糖为主要成分，受到人们的欢迎。

海参不是吃得越多越好，要牢记注意事项：海参不宜与甘草酸、醋同食；海参中含有丰富的蛋白质和多糖等营养成分，而葡萄、柿子、山楂、石榴等水果含有较多的鞣酸，同时食用，不仅会导致蛋白质的凝固，难以消化吸收，还会出现腹痛、恶心、呕吐等症状；海参能润五脏，生津利水，故痰多、泻痢者不宜食用。

海参菜肴

南海 "珍品藏"

南海中，有这样一些珍贵的物种："龙宫瑞宝贝王"库氏砗磲、"海参之王"梅花参、拥有完美"黄金螺线"的鹦鹉螺、身上流淌着蓝色血液的中国鲎、素食主义的"美人鱼"儒艮、海龟界的"美人儿"玳瑁、穿红"袜子"的"白衣天使"红脚鲣鸟等。因为环境污染、过量捕捞等原因，这些独特的南海"珍品"越来越少，如果不好好保护，那我们就只能在以灭绝生物为主题的"生物标本馆"中见到它们了。

南海"小巨人"

万事万物，大与小都是相对而言。在南海水世界中，珊瑚虫没有海马大，海马没有石斑鱼大，石斑鱼没有鲸鲨大。但是在同一种类型的动物中，总有"佼佼者"，比如世界上最大的双壳贝类——库氏砗磲，还有"海参之王"——梅花参，就是同类中的"擎天柱"。南海的"小巨人"，不仅体型巨大，而且实用珍贵。在看不见星光的珊瑚礁旁，个头大但"低调"的库氏砗磲和梅花参静静地生长，和其他生物一起享受大海的馈赠。

❶ 库氏砗磲

库氏砗磲

要称得上"贝类之王"，那一定要有王者风范。另一个名字是"大砗磲"的库氏砗磲有两项足以震慑住其他贝的优势。

第一，它身形庞大，最长的可达2米，重约300千克，和日本相扑选手差不多重。把这么大的砗磲贝壳做成婴儿浴盆可是绰绰有余，小一些的也可以做成花盆呢。

第二，它两扇贝壳闭合时力量大得惊人。一旦谁"惹"了它，砗磲会迅速收缩闭壳肌，如果这时你的脚恰好放在两扇壳之间，没准会被夹断。

无论是中国历史，还是西方历史中的记载，砗磲都贵为上品。东方佛典《金刚经》中，砗磲与金、银、琉璃、玻璃、赤珠、玛瑙一同被列为"佛教七宝"；如今巴黎圣瑟尔斯教堂仍陈列着砗磲壳，专供盛圣水之用。

库氏砗磲是砗磲科中最大的一种，在我国南海诸岛、海南岛和台湾岛南部均有分布，

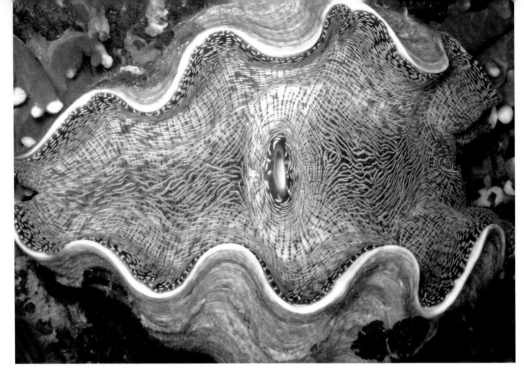

⬆ 库氏砗磲

它喜温水，生活在热带海域，一般栖息在低潮线附近的珊瑚礁间，壳顶向下，腹面朝上，用足丝固着在海底的礁岩上，它一点也不爱动弹，甚至终生不挪动地方，还常常因珊瑚的生长被半埋在珊瑚中。

　　对"不运动"的库氏砗磲来说，怎么做到不挨饿呢？它饿了的时候就会张开巨大的壳，伸出肥厚的外套膜边缘"觅食"，用鳃来滤食流动海水带来的微小浮游生物。如果只吃这些，它是不能长这么大的，聪明的库氏砗磲有一种巧妙的办法——在自己身上"种"食物。在它外套膜边缘的表面分布着大量虫黄藻，虫黄藻可以利用库氏砗磲身上玻璃体聚合光线的功能来进行光合作用。虫黄藻长大，库氏砗磲"收获"的时候也就随之而来，将虫黄藻作为自己的可口食物，用血液中的变形细胞将它们消化吸收。

　　库氏砗磲的"王袍"通常是白色或者浅黄色，外套膜缘呈鹅黄、翠绿、孔雀蓝等色彩，高贵典雅，可做装饰品。它不光漂亮，而且有医用、食用和实用价值，因而被称为"龙宫瑞宝贝王"。《本草纲目》中说，砗磲有锁心、安神的功效；砗磲的肉质细嫩，营养丰富，尤其是闭壳肌厚实强大，晒干后就是名贵海味之一的蚵筋；砗磲产生的蚵珠虽色泽不如珍珠，但是可以做镇静剂和眼药的原料。

库氏砗磲与虫黄藻

　　库氏砗磲和虫黄藻是一种共生关系。虫黄藻可以借库氏砗磲外套膜提供的方便条件，如空间、光线和代谢产物中的磷、氮和二氧化碳，充分进行繁殖；库氏砗磲则可以虫黄藻作食物。

20世纪50年代末期，我国西沙、南沙群岛砗磲鲜肉的年产量近200吨，但因为滥捕，某些海区砗磲已近绝种。如今，西沙群岛的库氏砗磲已经被列为世界珍稀保护动物和国家一级保护动物。

梅花参

最大的梅花参没有最大的库氏砗磲那么长，但最大的梅花参长可达120厘米，是1100多种海参中最大的一种。1米多长的梅花参重10多千克，比北方的刺参要重好几十倍。在海参纲中，圆筒形就是它们的"标准身材"，梅花参也不例外，和其他海参不同的是，它身如其名，背面"开"满了橙黄色或橙红色的梅花——每3~11个肉刺基部相连，呈花瓣状，因此美其名曰"梅花参"。远远看去它长得又跟凤梨差不多，所以有个外号叫"凤梨参"。它的腹面比背面"平实"得多，有20个黄色的触角。

同库氏砗磲一样，梅花参也喜温水，在南太平洋南部，从印度尼西亚爪哇起东到社会群岛和马绍尔群岛，北到琉球群岛，南到大堡礁北部都有梅花参分布。想在中国找到梅花参，就要到西沙、中沙、南沙群岛等海域去寻觅了。

梅花参

梅花参优哉游哉，不喜欢运动，平时潜藏在水深几米乃至几十米海底的珊瑚丛中，退潮后才爬出岩礁"吃饭"。它专爱吃细沙中的有机碎屑和微生物。如果遇上浪大流急的日子，它就不"出门"了。另外，它也拥有一种共生"朋友"——生活在它泄殖腔里的隐鱼，它们过着"互利互惠"的生活。

青蛙、蛇都喜欢冬眠，因为它们怕冷，但是梅花参喜欢夏眠。这并不仅仅是因为它怕热，主要是因为它喜欢吃的海底小生物夏天大多浮到海面，食物不够吃，梅花参就干脆睡起大觉来。

梅花参是"海参中的珍品"，它的营养价值、药用价值等自是不在话下。在我国，梅花参是海南省特有的海珍，三亚"三绝"之一，老渔民曾介绍说，我国南海产的梅花参是食用海参中最好的一种。它既含有较高的蛋白质（干品中蛋白质含量高达76%以上），矿物质也较丰富，不含胆固醇，是理想的滋补品，又可治病防癌，有一定的防衰老作用。中医认为：海参性温，有补肾益精、养血润燥之功效，可以治精血亏损、虚弱劳怯、阳痿、肠燥便艰等症。对于产后、病后体虚衰老，肺结核，神经衰弱，水肿等症都有特别疗效。

> **梅花参菜肴的制作方法**
> 梅花参可用鸡汤清炖，也可切片加辅料清炒，还可以甜吃，即用海参、鸡蛋、桂圆加冰糖清炖。

南海"活化石"

有些生物在几百万年时间内几乎没有发生变化，同时代的其他生物早已灭绝，它们却相对地保留了自己最初的形态，直至现在——这就是我们所说的"活化石"。南海中就生活着这样的"活化石"——鹦鹉螺、中国鲎、海龟和儒艮，它们"顽固"地守着祖先留给它们的长相和习性，成为另一种传奇。

鹦鹉螺

日本人说，只要温柔行事，鹦鹉螺也能开出玫瑰花。现实中，鹦鹉螺虽不能开出花朵，但是它身上的美与内蕴的和谐足以惊艳世人。薄而脆的壳诗意般地螺旋盘卷，乳白底色上是红褐色的曲状条纹。最让数学家着迷的是鹦鹉螺的外壳切面，30多个小壳室像一条百褶裙旋转而下，谁又能想到，它的"裙

↑ 鹦鹉螺

边"竟然暗合了斐波那契数列，而斐波那契数列的两项间比值无限接近黄金分割数（故又称黄金分割数列），自然的造物之手在鹦鹉螺的身上画了一道完美的"黄金螺线"。不仅数学家对它着迷，古生物学家也对它充满好奇。作为现存最古老的头足类动物，它和中国鲎、儒艮一样，也是"活化石"级别的珍稀物种。

鹦鹉螺现存的种类不多，但化石的种类多达2500种。它们构成了重要的地层指标。地质学家可以研究与之相关的动物演化、能源矿产和环境变化等。

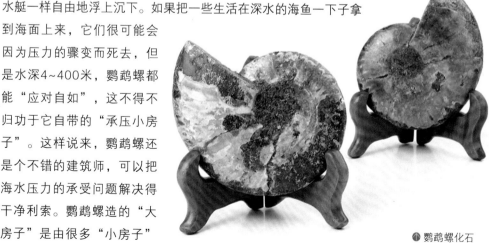
❶ 鹦鹉螺剖面图

头足类曾经活跃于古生代志留纪，3500多种头足类动物在地球上快乐地"开着潜水艇"浮上浮下，但是盛极一时的它们在二叠纪末期遭遇了一次大劫难，大规模地退出了自然舞台，而鹦鹉螺顽强地生存了下来，但现在的鹦鹉螺仅有3种（一说4种）。

数亿年前，它就这样生活了——白天偶尔用触手沿着大陆架外缘或者其他海底"逛游"，大多数时候躲在珊瑚礁岩缝里"睡觉"，晚上它就"精神"了，在珊瑚礁旁边找点食物吃，吃饱了就会到海面上漂浮一会儿，贝壳朝上，壳口朝下，头和腕舒展开来，头顶盈盈月光，好不惬意。不一会儿，它就沉下去休息了。

和一生挪不动地方的库氏砗磲相比，鹦鹉螺自在多了，它可以像潜水艇一样自由地浮上沉下。如果把一些生活在深水的海鱼一下子拿到海面上来，它们很可能会因为压力的骤变而死去，但是水深4~400米，鹦鹉螺都能"应对自如"，这不得不归功于它自带的"承压小房子"。这样说来，鹦鹉螺还是个不错的建筑师，可以把海水压力的承受问题解决得干净利索。鹦鹉螺造的"大房子"是由很多"小房子"

❶ 鹦鹉螺化石

组成的，这些小房子用来贮存空气，叫做"气室"，最末尾的一个"房间"是它住的地方，叫"住室"。小鹦鹉螺长成大鹦鹉螺的过程中，小室的数目也跟着不断增加，每增加一个小室，鹦鹉螺就会把海水抽出来，通过调节室内的水量使自己能浮在海里。像乌贼一样，它也通过喷射海水利用反作用力来推动身体前进。鹦鹉螺的外壳只有大约1毫米厚，却能靠它"潜"到深海中。换成人类，没有厚厚的潜水服是绝对做不到的。

如果你足够幸运，可能在西南太平洋热带海区，比如马来群岛、我国台湾海峡和南海诸岛的海滩上见到被海浪冲上岸的鹦鹉螺壳，但是见过它活体的人并不多，因为它非常"敏感"，周围只要有一点响动，它就会逃走。迄今为止，世界上保存最好的活体鹦鹉螺标本是保存在英国国

"鹦鹉螺"号

凡尔纳曾在自己最著名的小说《海底两万里》中将他的潜水艇命名为"鹦鹉螺"号。美国人西蒙·莱克在看过书中对潜水艇的描述后，就对潜水艇产生了巨大的兴趣。在一次晚饭时，西蒙·莱克当着父母的面发誓，自己要将小说中的潜水艇变成现实。1897年，西蒙·莱克建造的第一艘潜艇"亚古尔"号终于取得了成功。

🔻 鹦鹉螺

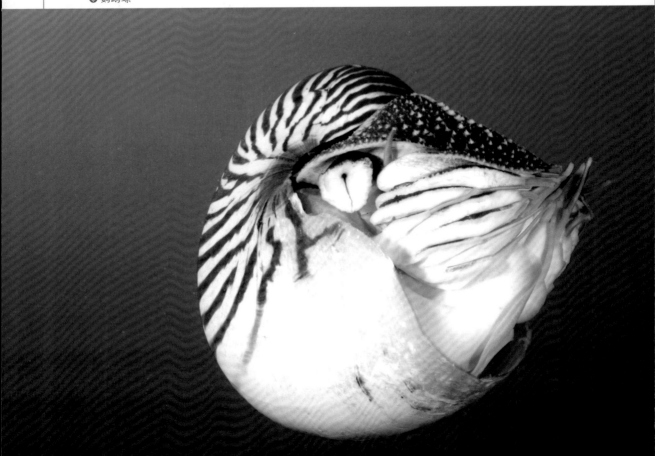

家博物馆里的"天下第一螺"。中国古人也一眼识美，多用鹦鹉螺的壳来做酒器，比如出土于东晋南京王兴之夫妇墓的鹦鹉杯，它以鹦鹉螺壳为杯身，壳外用铜边镶扣，两侧装有铜质双耳，构思精巧，造型独特，是目前为止六朝考古中唯一的一件。

李白大唱"鸬鹚杓、鹦鹉杯，百年三万六千日，一日须倾三百杯"；陆游高吟"葡萄锦覆桐孙古，鹦鹉螺斟玉薤香"，优雅的"活化石"将美绵延到世世代代的人们心中。

中国鲎

神奇的南海生活着珍稀的"活化石"，中国鲎就是其中之一。它威风凛凛，身形像瓢虫，但比瓢虫多了一把"剑"；身披坚甲像螃蟹，但比螃蟹少了两只"大钳子"。优美的马蹄形弧线是它头胸部的边缘，最大的体长可达60厘米。虽然长得像瓢虫，似螃蟹，但是跟它们没有什么亲缘关系，而瓢虫和螃蟹相对于中国鲎的"岁数"来说，它们实在是太年轻了。

要有多么古老才能称得上是"活化石"呢？那一定是上千万年的"化石"。中国鲎的祖先在距今4亿～3.6亿年前的地质历史时期古生代的泥盆纪时，就已经出现在海洋中了。那时三叶虫的数量已经极少，恐龙还没有出

⊕ 中国鲎

现（它在约2.35亿年前才在地球上生活），而恐龙等大批生物在白垩纪灭绝后，中国鲎依然生活在地球上。在漫长的沧海桑田、日月轮回中，中国鲎淡定从容，依然保持着祖先的模样，仿佛世事变化都与它无关。

⊕ 鲎试剂

这么淡定的性格与"沉静安宁"的蓝色有关系吗？西班牙贵族坚信自己身上流淌的血是蓝色的，因为在他们心中蓝色血液是高贵的代名词。如果他们知道鲎是蓝色血液的话，也许会把它奉为图腾。中国鲎的血液中没有红细胞，也没有白细胞和血小板，而只有一种能够输送氧气的低等原始细胞，身体的细胞中铜元素以离子的形式存在，所以它的血液是另类的蓝。由于铜离子的富集，每当它的外壳受到攻击受伤时，流出的血能很快凝固，这样细菌就无"门"而入了。正是这一神奇的"止血术"启发科学家，制造出了鲎试剂。

不光中国鲎的血液与科学结缘，人们从它的眼睛中也摸索到了"门道"。它有四只眼睛：头胸甲前端的两只小眼睛对紫外线最敏感，只用来感知亮度；在头胸甲两侧有一对大复

眼，每只眼睛都由若干个小眼睛组成。复眼有一种侧抑制现象——能使物体的图像更加清晰，这一原理后来被应用于电视和雷达系统中，提高了电视成像的清晰度和雷达的显示灵敏度。

中国鲎珍贵的药用价值在中国古代医书《嘉祐本草》和《本草纲目》中就有记载。它的肉可清热解毒、明目，可治青光眼、脓包疮；它的壳含溴、铁、锌、铜、镍、锰、钙、钛、氯、硫、硅、铝、镁等元素，可以活血化瘀，主治跌打损伤、创伤出血、烫伤、疮疖等；它的尾有收敛止血的功效，可以治疗肺结核、咯血等。

一旦发现一种生物有可挖掘的经济价值，人类就极有可能舍本逐末，对利益的追逐会使这种生物的数量不断减少。中国鲎在世界上的分布范围很狭窄，在我国的分布地域主要是广西、海南、广东、香港、澳门、福建、台湾、浙江等沿

↑ 中国鲎装饰品

海地区，其中福建平潭是著名的产区。从前平潭岛的中国鲎产量是全国第一，但如今，大量的捕捉、环境的恶化，都让中国鲎的种群数量急剧减少，成为濒危物种名录上的又一物种。比濒危这个字眼更让人担心的是，中国鲎的生长周期很长，从卵细胞受精至性成熟需要13~15年的时间，这么长的性成熟周期，使得种群的有序繁衍受到了沉甸甸的威胁。

中国鲎活在世上不易，它大而笨拙，不能很好地保护自己。如果不幸遇上捕捞船，它是跑不了的，万一它的"另一半"被抓，这就更确定无疑了。

"雄性中国鲎"和"雌性中国鲎"终生一夫一妻，成年后，它们总是"成双入对"，雄鲎趴在雌鲎的背上，形影不离，即使被抓，也不分开。

↑ 中国鲎

儒艮：喜欢慢生活的"美人鱼"

传说中，美人鱼以腰部为界，上半身是美丽的女人，下半身是披着鳞片的鱼尾。美人鱼用动听的歌声，夜夜为思乡的水手歌唱。无论东方，还是西方，美人鱼一直是个谜，当海中美人传奇无法用科学证实时，人们就会用文字构建起幻想的世界。晋华《博物志》中曾有记载："南海水有鲛人，水居如鱼，不废织绩。其眼能泣珠。"这南海鲛人不是别的，正是海洋中的草食哺乳动物儒艮。

儒艮美吗？它没有一头秀发，没有一双水灵的大眼睛，也没有白净的皮肤。它的鼻孔为活瓣状，位于吻端，体长约3米，最大者身长可至4.16米，体重可达1016千克。这样的身材和长相怎么能和美人鱼靠上关系呢？也许是那对丰满的乳房，让人浮想联翩吧。雌性儒艮的鳍肢腋下有一对乳房，位置与人类相似，在哺乳时，鳍肢也会做出类似女性哺乳的动作。它偶尔会浮在海面上，露出上半身，远远看去，还真会以为是海中美人现身了呢，所以如果真有美人鱼，那这"美人鱼"说的就只能是它了。

儒艮虽然不那么漂亮，却很温柔，这可能与它是食草动物有关系。它一点也不挑食，海藻、水草等多汁水生植物，含有纤维的灯芯草、禾草类等对它来说都是美食，只需几口就能把这些植物的根、茎、叶全部吃光。它可不是用牙来咬断海草，而是用它的吻来摄食。因为它体形壮硕，每天有很大一部分时间要花在吃东西上，45千克以上的植物才能勉强满足它的胃口。草并不好消化，所以，它的大肠非常发达，是胃的两倍重，长度达到25米以上，是小肠的两倍长。这么爱吃草的儒艮，一定是把家安在水草丰茂的地方，比如，西太平洋与印度洋海岸，在我国广东、广西、海南和台湾南部沿海等都有分布。

温柔的儒艮喜欢慢生活，只愿悠闲地"散步"，泳速多在10千米/时以下，被追赶时才以两倍的速度逃窜。鲨鱼和虎鲸是它的天敌，人类也会追捕它，因为它全身都是宝。体胖膘肥

⬆ 水下生活的儒艮

⬆ 儒艮吃草

的儒艮，肉味鲜美，皮肤灰白，可制皮革，致密的骨头常被作为象牙的替代品用于雕刻，从它身上还能提炼出20~50升油来入药。但是，过度的猎杀使儒艮的数量减少。海草资源的破坏、栖息地的污染、误入渔网等都让儒艮数量越来越少。儒艮已成为国家一级濒危珍稀哺乳类保护动物。

儒艮总是"微笑"着，与邻为善，基本没有保护自己的能力。我们能为它们做什么？——竭尽所能改善它们的生存环境，还它们一个宁静、洁净的家园，让"美人鱼"能安宁地生活下去。

古老的儒艮

儒艮为古老的海洋生物之一，古生物学家认为儒艮与陆地上的亚洲象有着共同的祖先，虽然进入了海洋，依旧保持食草的习性。

海龟传奇

南海的阳光毫不吝啬，热烈地洒在金色沙滩上。在这片"温床"上，有一种生物每到生育时就会从海洋中爬出，来到它们的出生地，来到烙刻在它们记忆中拥有独一无二水气味的地方产卵。而这样的习惯，它们祖祖辈辈，已经保持了约两亿年。它曾经和恐龙一同生活在地球上，如今，恐龙已经灭绝，而它仍然不紧不慢、从容淡定地活着。是的，如此"传奇"的生物就是海龟。在我国，南海拥有全国90%以上的海龟资源，这片海域是"传奇"开始的地方。

🔽 海龟

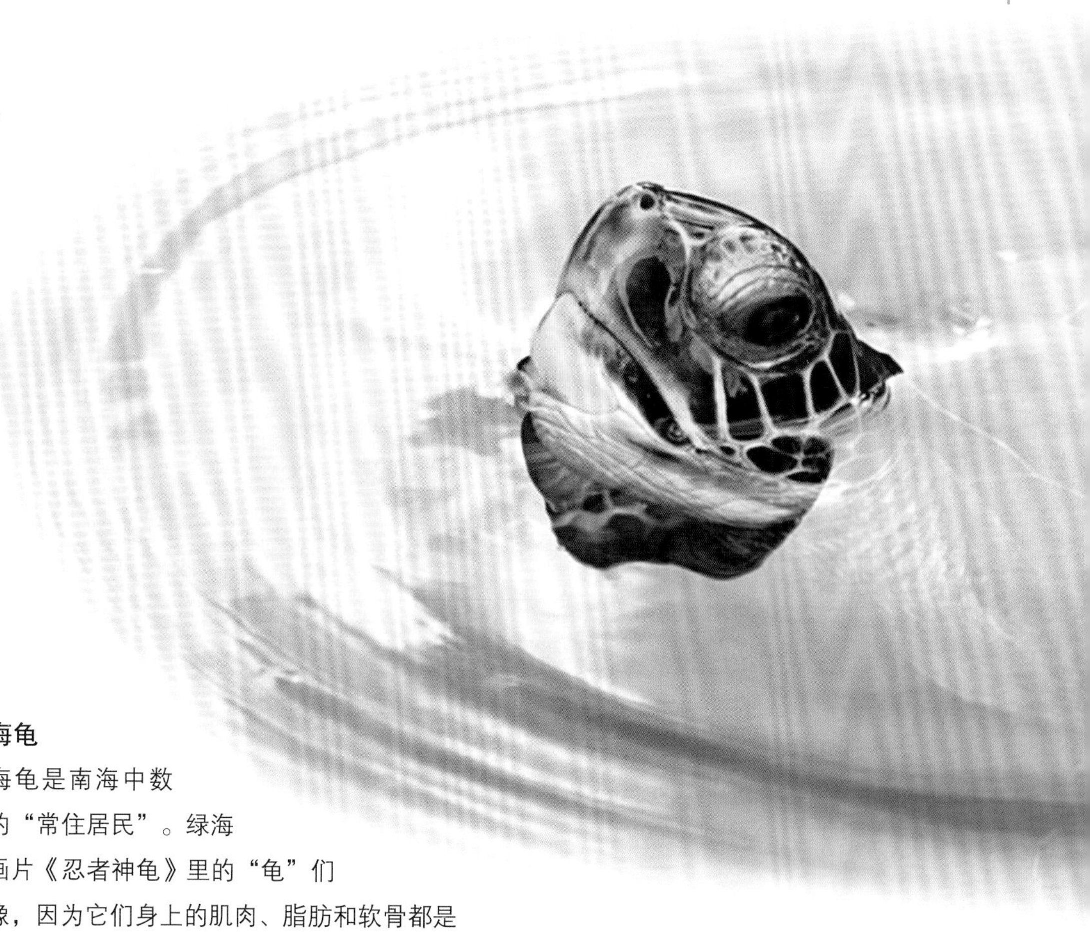

绿海龟

　　绿海龟是南海中数
量最多的"常住居民"。绿海
龟和动画片《忍者神龟》里的"龟"们
长得很像，因为它们身上的肌肉、脂肪和软骨都是
绿色的。但是"忍者神龟"的原型并不是绿海龟，这是因为，绿海龟一生中大部分的时间生
活在海中，而"忍者神龟"们则"住"在纽约一条大街的地下管道里。

　　和其他海龟相比，绿海龟的头较小，后背甲不是"绿蓑青笠"，而是深浅不一的褐色。
它的"身高"一般为80~100厘米，"绿巨人"可达150厘米。为了更好地在海洋中生存，它
的四肢已经进化成鳍状，可以像船桨一样在水中灵活地划动。绿海龟是用肺来进行呼吸的，
但胸部不能活动，是一种吞气式的呼吸方式，尽管可以潜到一二百米深的水下，但每隔一段
时间便要将头伸出海面来呼吸。到了晚上，为了方便用肺呼吸，绿海龟就"干脆"浮在海面
上睡觉。

　　我国山东、江苏、浙江、福建、台湾、广东等地的沿海地带都可以看到绿海龟的踪迹。
但是一旦要产卵，在漫长的海岸线上，它们仅仅对福建西部和广东东部的南海沿岸和岛屿情
有独钟，一到繁殖季节，纵然身在千里之外，也要回到出生地约25℃的沙滩上交配、产卵。
小海龟一从沙坑里出来，就会急急忙忙往海里爬去，在海里不停地游动，直到足够远。神奇

的是，等到小海龟长成，它们依然会重回故地，像先辈一样在自己出生的地方生育下一代，而间隔的时间竟是20~50年。时间未能风化记忆，它们凭借某种特殊功能找到自己一出生就"逃离"的地方。

绿海龟性情温顺，过着"与世无争"的日子，但是它的经济价值很高。它的肉和蛋都可食用，味道鲜美，营养丰富。龟板可制成龟板胶，是较高级的营养补品。龟掌、龟血、龟油及龟脏都可入药，对肾亏、胃出血、肝硬化等多种疾病均有一定疗效。正因如此，绿海龟遭到大量捕杀，全世界仅剩下约20万只产卵母龟，在世界自然保护联盟濒危物种红色名录中被列为濒危物种。

玳瑁

玳瑁也是南海的宝贝，是海龟界的"美人儿"。它的背甲由13块棕红或棕褐色的角板平铺镶嵌而成，有光泽，缀有浅黄色小花纹儿，质地坚韧，晶莹剔透，美而不媚，是首饰、雕塑等饰品的绝佳材料，更有祥瑞幸福、健康长寿的象征之意，享有"海金"美誉。

就像玫瑰虽美，却身有利刺一样，玳瑁也有一张"不饶人"的鹰嘴，还有躯体后部锯齿般的缘盾。它并不像绿海龟一样温顺，而是有点暴躁。在海中游泳非常敏捷，如飞鸟一般，被人追捕时，有时会把人咬伤。

到了繁殖季节，像它的祖先一样，玳瑁也要上岸产卵。玳瑁"走路"可不像在海里那么自如，它特立独行，爬行时左前足和右后足同时行动，所以留在沙滩上的足迹也是不对称的，这和它的"表兄弟"绿海龟、棱皮龟大不一样。不仅"走路"另类，产卵也不按常理出牌，大多数海龟在夜间爬到沙滩产卵，玳瑁则是白天上岸产卵。

⬆ 玳瑁

⬆ 玳瑁

⬆ 玳瑁制品

如果你想在南海中快速找到它，去浅水礁湖和珊瑚礁区看看是个好主意。那里的洞穴是玳瑁的栖息地，不仅舒适安静，而且生活着玳瑁的"美食"——海绵。海绵中含有大量的二氧化硅，也就是制造玻璃的主要材料。这还不足以说明玳瑁的"重口味"，海绵中还含有大量的高毒性物质，如果是别的动物吃了，那么不被毒死，也得丢掉半条命，玳瑁却吃得"津津有味"。也许是因为玳瑁吃了这么多二氧化硅，它的背甲才这样透亮吧。

玳瑁背甲的美流淌在中国的古史中。东汉乐府诗《孔雀东南飞》中就有"足下蹑丝履，头上玳瑁光"的诗句；唐代女皇武则天曾使用过玳瑁手镯和耳环；宋代人曾仿照玳瑁壳的花纹色泽，烧制出玳瑁斑黑釉瓷；明清时期，上至宫中后妃所戴首饰，下至文人雅士的书房文玩，诸如小插屏、花瓶、香薰、笔筒、笔杆、印盒，乃至歌伎舞女所用的手镯、扇子、脂粉盒等，均有用玳瑁制作者；清朝慈禧太后生前用过的玳瑁梳子、扇把、发卡，以及宫中嫔妃所戴的玳瑁嵌宝石指甲套，如今仍存放在博物馆中供人欣赏。

美有穿越时间的永恒力量，但却忽视了为获得它而给玳瑁这种海洋生物带来了什么后果。由于人类对玳瑁的过度需求，玳瑁数量持续减少，两个玳瑁亚种的保护现状已被世界自然保护联盟（IUCN）评为极危状态。

⬇ 海龟

海龟古老、顽强而愈来愈珍贵。我国海洋龟类有绿海龟、玳瑁、蠵龟、太平洋丽龟和棱皮龟，主要分布在南海海域，其中又以西沙和南沙群岛海域较多。据广东省海洋与渔业局南海海龟资源保护站的研究报告，近年来南海海龟的数量为16800~46300头，其中绿海龟大约占87%，玳瑁占10%，其他海龟占3%左右。

20世纪四五十年代，海龟上岸产卵很常见。但是，由于西沙、南沙群岛的开发和资源利用，沿岸工业和交通的发展及旅游观光业的兴起，海龟上岸产卵的地方都没有了。现在西沙、南沙群岛一些无人居住的岛屿尚存海龟产卵繁殖场地，大陆沿海只有广东省惠东县港口海龟湾尚残存一个产卵场地。海龟出生的"故地"早已建起了高楼，没有熟悉的气味，没有熟悉的沙粒，它们找不到自己的"根"。海龟资源的丰富并没有成为人类保护的理由，却成了滥捕滥杀的借口。

再不保护，海龟就会像恐龙一样绝迹。

海鸟知天风

金丝燕

海南省的大洲岛是著名的"燕窝岛"，因为有成群的金丝燕生活在这里，把窝筑在幽深曲折的岩洞中。已被列为海洋生态气候保护区的大洲岛是我国为数不多的金丝燕栖息地之一，这里出产的"大洲燕窝"被誉为东方珍品。

金丝燕有一个动听的名字，其实它"唱歌"并不动听，长得也不算漂亮，有点像家燕，并且身子比家燕还要小些，上身的羽毛呈黑色或者褐色，带有金丝光泽，下身灰白色，翅膀尖而长，脚爪淡红色，又小又细，四个脚趾都朝向前方。

⬆ 血燕

燕窝的营养价值

燕窝富含蛋白质、碳水化合物及钙、磷、铁、镁、钾等矿物质。燕窝不温、不燥、性平，可增强抵抗力，延年益寿，对于体虚气短，精力不足的人，同样具有滋补保健的作用。血燕作为燕窝的一种，营养价值很高。

金丝燕

　　金丝燕喜欢群居，一起捉虫子吃。因为它的尾巴不像燕子一样，所以飞起来不可以做急剧的转折。纤细的小腿和小脚让它难以在地上走路，匍匐前进也不行，所以它每天都在海岸、岛屿上空飞行，找小飞虫来吃。

　　一般的动物都会选择树枝、枯草、芦苇等来建造自己的小家，但金丝燕不同，它是用自己的唾液筑巢。分泌的唾液经过风吹后就会凝固起来，形成半透明的胶质物，这就是燕窝。每当金丝燕繁殖季节到来的时候，组成家庭的金丝燕会齐心协力共同为自己的小家奋斗。它们选好地址后，就开始筑巢。

　　一般来说，金丝燕夫妻得花上一个月左右的时间来筑窝。初次筑成的燕窝纯净洁白，坚韧而又有弹性，营养价值高，是燕窝中的上品。如果第一次筑的窝被人采去，夫妻两个就要第二次筑窝，这时唾液没有那么多了，金丝燕只好把身体上的绒毛啄下，和着唾液黏结而成，这种窝质量次之，叫做乌燕。

　　并不是所有金丝燕的窝都是可食用的燕窝，能做上等燕窝的种类主要是爪哇金丝燕、灰腰金丝燕等，而海南省的大洲岛居住的主要是爪哇金丝燕，由于人们历年采窝，现在最大群体仅有60~70只。

红脚鲣鸟

西沙群岛珍珠般洒落在南海中，其中，被誉为"鸟岛"的东岛生机盎然，在这个只有1.55平方千米的岛上栖息着野牛、野狗、野猫，还有白鹭、燕子、金雕等很多生物，但是只有红脚鲣鸟才是这里主要的"居民"。当它们与落霞齐飞遮天蔽日时，你才能真正体会到"蔚为壮观"这个词的含义。

东岛上抗风桐和羊角树林郁郁葱葱，红脚鲣鸟最爱栖息在上面，远远看去，就像团团白雪压在枝头。除了部分羽毛是黑色外，红脚鲣鸟全身白羽熠熠，头部和颈部还会泛起黄色的光泽，淡蓝色的喙与海洋交相辉映，再配上鲜红色的脚，将热烈与素雅融于一身。如果不是长长的喙，它会被误认为是鸭子，尤其是它的脚蹼，让它特别适合在海面上活动，如果不小心跌落在海水中，它会滑动脚蹼，重新起飞。

晨起夕归，红脚鲣鸟恪守生物钟般规律出门和回家。清晨第一缕阳光将它们从清梦中照醒，它们快乐地飞舞鸣叫，飞离岛屿来到海面上，或盘旋，或徐飞，或高翔，一旦瞅准了鱼群，便急速合上双翼，纵身下去，猎捕游鱼。

夕阳西沉，无论飞出多远，方向感极强的红脚鲣鸟总会找到回家的路。有经验的渔民能从它的飞行路线和时间中，辨别出天气的变化，认出航

🔺 红脚鲣鸟

行的方向。渔民可以跟随它们，找到鱼虾群集的幸运之地。傍晚，有了红脚鲣鸟，渔民不用再担心迷路，还会满载而归。

像其他鸟一样，红脚鲣鸟也有自己搭建的"家"。它的巢一般建在石滩或者灌木丛中，树枝和海草是它们筑巢的材料。有爱的地方才叫家，筑巢的时候，雌鸟、雄鸟一齐上阵，力气大的雄鸟搬材料，细心的雌鸟来搭巢。有了家，接下来很快就会有"娃"，雌红脚鲣鸟一次只能产一两个蛋，孵化时它不会像其他鸟类那样伏卧在卵上，而是将卵踩在脚下，脚上脉管化的皮肤给卵传递体温。天气很热的时候亲鸟不再孵卵，反而站在卵的旁边，利用自己的身体挡住强烈的阳光，以保持孵化时温度的恒定。小鸟出生后，不能独立生活之前，它的"爸爸妈妈"不会走远，捕了食也不会直接喂给小鸟吃，而是用胃中反刍的细碎食物来哺喂小鸟。

⬆ 红脚鲣鸟

红脚鲣鸟的保护

红脚鲣鸟是典型的热带海洋性鸟类。世界上仅有两个居住地，东岛是其中之一，在1981年就被划为以保护红脚鲣鸟为主的自然保护区，它也是我国最南端的自然保护区。

世世代代生存在东岛的红脚鲣鸟，还"赠送"了额外的"礼物"。如果我告诉你红脚鲣鸟为东岛贡献了近20吨鸟粪，鸟粪有1~2米厚，你会不会吓一大跳呢？这些鸟粪大有用武之地，它含有较多水分，有机质、氮、磷、钾的含量都很高，随着风化和成土过程的发展，鸟粪经脱水、矿化，与珊瑚、贝壳、有孔虫残体碎屑等胶结，形成腐泥状、粒状、块状和盘状物质。这样的鸟粪，只要筛出其中粗骨部分即可以直接施用，是优质的有机肥料。

西沙的永兴岛也曾像东岛一样是红脚鲣鸟生活的"天堂"，但是由于开发建设，红脚鲣鸟数量大幅度减少。它们是西沙群岛的白色精灵，没有它们，这里就失去了灵魂。如今，东岛成为守护红脚鲣鸟的地方，它的数量已经从原来的3万多只增加到5万多只甚至更多，这便是一颗颗保护之心的力量。

南海 "小世界"

南海，浪里岸上，都有你所不知道的"小世界"。"海洋居民"在海洋的一角"吸收"着阳光，热闹地生长，植物、动物、微生物是亲密的"邻居"，其中有生产者，有分解者，也有消费者，能量在这里顺畅地流动和循环，一个个鲜活的生命在珊瑚礁里展现着自我，一个个灵动的精灵在红树林中演绎着自己。鲜活的生物活动，每日都在精彩上演。

珊瑚 "城堡"：珊瑚礁生态系统

阳光的小尾巴，轻轻咬着南海的海面，点点滴滴，探下身去，也想看看海底是不是有神奇的"小世界"。传说，静静的海面下，有一座座生机勃勃的水下"城堡"。

这是真的吗？坐上玻璃船来一次水下探秘旅行吧。海水荡漾，鱼儿自由穿梭，虾蟹披盔舞螯，大型海藻翩翩起舞，海螺和海贝懒懒地赖在海底不肯挪动，它们有的"穿"着鲜红的

⬆ 珊瑚群落

珊瑚

"外套"，有的"穿"着孔雀蓝的"礼服"，有的"戴"着橄榄绿的"帽子"，有的花纹斑斓，这里美得让人除了想睁大眼睛不放过一处美景外没有其他的念头。

欢迎来到珊瑚"城堡"！

南海的西沙群岛、中沙群岛、东沙群岛和南沙群岛有很多座珊瑚"城堡"，海南省的珊瑚礁面积占全国的90％多。知道这"城堡"的建造者是谁吗？——是珊瑚虫。米粒大小的珊瑚虫一群一群地聚居在一起，一代代地新陈代谢，生长繁衍，同时不断分泌出石灰质，并黏合在一起。这些石灰质经过以后的压实、石化，形成礁石，就成了我们常说的珊瑚礁。除了珊瑚虫，珊瑚藻也为珊瑚礁的建造立下了功劳，它的细胞能够分泌珊瑚石灰质的"骨骼"。也别忘了多孔螅，一种微小的腔肠动物，它的作用是分泌碳酸钙，组成骨骼，而且与石珊瑚长在一起，成为造礁珊瑚的得力助手。"建筑师"们修筑的这些珊瑚"城堡"五彩缤纷，有精巧的云一样的白色，有热烈的火一样的红色，有秋天的菊一样的黄色，怪不得有"石中之花"的美称。

珊瑚"城堡"里和"城堡"的周围生活着成千上万种动物，小到单细胞动物，大到脊椎动物，各个门类都能在"城堡"里找到。你甚至能在珊瑚礁岩石缝里和珊瑚丛间找到隐藏的穴居动物，它们其实就像热带雨林中的昆虫一样不容易被观察到。仅鱼类，东沙就有514种，西沙和中沙有600多种，南沙有548种。这些动物喜欢这里的环境，彼此之间有食物链上的关系，虽然经常会"打打闹闹"，但是彼此是不会严重干扰和毁灭性吞噬对方族群的，这是"城堡"的、更是大自然的规则。

↑ 珊瑚"城堡"

这是怎样的一个珊瑚生态"小世界"呢？

这个珊瑚"城堡"如果按照食物链来安排"楼层"的话，那么住在一楼的应该是浮游植物，它们是这个生态系统中最重要的初级生产者。硅藻、甲藻、绿藻和蓝藻覆盖在礁石上、浮游在海水里，每一天都透过水层"大口"地吸收阳光，进行光合作用，让自己快快长大。住

● 海鳝

在二楼的应该是浮游动物、甲壳类、贝类、水母类等，它们"嘎吱嘎吱"吃着藻类、细菌和一些食物碎屑，支撑着上一层海洋生物。喜欢在珊瑚礁旁生活的鱼儿就按照食物链一层一层住上去，它们有个名字叫珊瑚礁鱼类。它们都喜欢把自己"打扮"得漂漂亮亮的，鲜艳的鱼身总能吸引人的眼球。当然，一旦遇到危险，它们中的一些，比如石斑鱼就会立即像变色龙一样变得和周围环境颜色相近，上演"变身"绝活。

狡猾的海鳝"杀手"总是白天在珊瑚礁的缝隙中潜伏，"按兵不动"，晚上再伺机偷袭游近的小鱼、小蟹。和它一样隐居在洞穴和零星礁石下的鱼类还有天竺鲷和鳗。海鳝的邻居们很活泼，它们生活在近底层，种类很多，色彩鲜艳，身形侧扁，能够自如地在珊瑚丛里穿行。身体细长、体色银白的虾鱼经常成群结队地头朝下游泳，一受到惊动就躲在海胆的长刺之间。蝴蝶鱼、镰鱼和尖嘴鱼爱吃微小动物；刺尾鱼是"素食主义者"，主要以海藻为食；鹦嘴鱼比较怪，牙齿像钳子一样厉害，它喜欢把珊瑚咬碎。跟它有一样嗜好的还有长棘海星，它们能成群结队地去吃珊瑚，是珊瑚的冤

⤊ 珊瑚白化

家。如果没有能对付它们的天敌，那珊瑚"城堡"可就惨了，会被它们吃干净的。好在它们也有天敌，食物链上层的石斑鱼就会把鹦嘴鱼"收拾"了，法螺能把长棘海星吃掉。再往上，就来到了礁坪区域，成群的条纹刺尾鱼在这里畅游，它们一般不游出礁坪区域。银汉鱼就比较大胆，涨潮的时候，它们会用最快的速度到水的中上层去吃浮游生物。

美丽的珊瑚"城堡"本来可以安静祥和、不扰世人地存在下去，现在它却到了危险的边缘。渔船拖网对珊瑚造成的物理破坏只是很小的一个威胁，气候全球变暖造成的水温升高，却潜藏着更大的危险，这让很多珊瑚虫死掉，造成了"珊瑚白化"现象。来自陆地的污染和过度捕捞也让这个本来运转良好的生态系统遭到了破坏。按照大自然保护协会的数据，目前全球珊瑚礁的破损速度不断加快，在50年内全球70%的珊瑚礁将会消失，这个数据实在太让人痛心。

50年后，我们还能见到五彩斑斓的珊瑚"城堡"吗？

海上森林：红树林生态系统

↑ 红树林

南海的海陆交错处，生长着一片一片的红树林，大半被海水淹没。它们随波摇曳，退潮以后你就会发现它们长在海水中的秘密——宽大的板砖根、拱状的支柱根、蛇形匍匐的缆状根、垂直向上的笋状根、裸露地表的膝状根、纵横交错的根系深深扎进土里，形成稳固的基架，来抵抗风浪的袭击。在树冠上，密布着各种水鸟的家，弹涂鱼在树下蹦跶，招潮蟹神秘兮兮……红树林生态系统"小世界"同样热闹，同样精彩，同样千姿百态。

海南、广西、广东和福建等有淤泥沉积的热带、亚热带海岸，或者河口入海处的冲积盐土或者含盐沙壤土，是最适合红树生长的地方。红树科的植物找到最适合它们"落脚"的地方，就开始盘根错节地扎根南海海岸了，全国94%的红树林都在这里。红树林的第一批开拓者是海桑和海榄雌，它们耐贫瘠，还能抗风浪，广布的水平根系牢牢地抓在滨海沙滩上，扎根生长。桐花树也有"先锋气质"，但是

↓ 美丽的红树林

红树林生态系统

它去往的是盐度较低的基质，通常在河口、河湾与淡水交汇处"定居"。当"先锋"们占据了"地盘"，变化就开始发生，浪来了遇到林便弱了下去，淤泥也愈渐深厚，有机质富盈起来，红树、角果木、秋茄等红树科植物就迅速生根"跟进"了，众多的支柱根让它们立足于深深的淤泥中，形成了一个红树群落。那些既能在潮间带集群生长，又能在陆地非盐土生长的半红树植物找到机会就扎下根去，像玉蕊、海芒果、莲叶桐、水黄皮。在红树林的边缘还有一些草本植物和小灌木，如臭茉莉、金蕨、盐角草等轻轻摇曳着。

红树的树叶岁岁年年会凋落也会重生，通过食物链转换，很多海洋动物会来这里觅食。一些贝类和昆虫也会在这里生活，钻孔生物"偷偷"地在树的叶子、根上生长，五颜六色的小蟹子常常会到泥潭上去找吃的，尤其是招潮蟹，最喜欢红树林。红树林区的潮沟也给深水区的动物提供了觅食、生产的角落。一些鱼类开始在这里生活。亚热带的红树林还给候鸟提供了越冬场和中转站。这样，红树林"小世界"的"居民"就有贝类、昆虫、螃蟹、鱼类和鸟类了，鱼儿把水生鸟类吸引过来——鹭鸶、牛背鹭、小白鹭，鸟儿或在水面上"打水仗"，或者在天空中"比飞翔"，或者在浅滩上"走秀"，动物都喜欢这里！就拿中国广西山口红树林区来说吧，这里就有111种大型底栖动物、104种鸟类、133种昆虫。

⬆招潮蟹

⬆弹涂鱼

⬆裸露的滩涂湿地

红树林是"海岸卫士"。它的神奇根系和树冠能防风消浪、促淤保滩、固岸护堤、净化海水和空气。2004年印度洋海啸之后发布的报告指出，红树林对于保护一些村庄在那次灾难中免受最严重的伤害起了重要作用。红树林是活着的海堤。如果红树林大量消失，你能想象会发生什么吗？——滩涂湿地大量裸露，许多生物"无家可归"，很多候鸟也失去了南方的栖息地，它们会不知所措，或者去往别处。残酷的现实是，红树林面积在不断减少。海南省文昌市铺前镇6700多平方千米的红树林区已被全面挖塘养殖，近半数的红树林遭受严重破坏。

谁也不希望红树林"小世界"就这么消失，对红树林的保护刻不容缓。

资源大观
南海
02

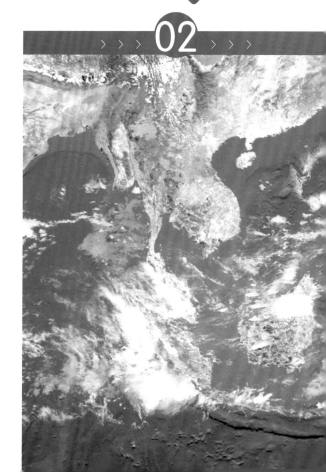

　　广袤南海是中国周边四海中面积最大、水最深的海。开襟九万风。站在海边，放眼望去，一边，是山岳平沙；一边，是淼漫八海。陆与海交相辉映，共同拥有自然的秘密。从前，我们只熟悉热闹的大地，因为眷恋着长满庄稼的泥土，忽略了蔚蓝的海洋。如今，哪一个国家，哪一个民族，都已不能再轻视这片蓝色的"土地"，这里有琳琅的物产、强大的能源、无尽的财富。

海洋化学资源

喝上一口南海的海水，舌尖上顿时涌起百般滋味。"齁咸"的海水里蕴含着大量的化学资源，其中不乏氯、钠、钙等常见元素，也有锂等平常难接触的元素。海洋可谓化学物质的超级聚集地，如果能把南海中的氯、钠、钙等都提炼出来，那将会是一笔巨大的财富。

海水制盐：浪里淘"银"

你知道你吃的盐来自哪里吗？很可能来自大海，因为海洋产盐量要比陆地产盐量大很多。

那你知道你吃的海盐是怎么从海水"变身"成晶晶亮的盐粒吗？——是海水晒"日光浴"晒出来的。

南海中海南岛的沿海港湾、滩涂非常多，是理想的天然晒盐场所。早在唐代，海南岛上的老百姓就开始晒盐了。他们把石头凿成水槽，再把南海海水运到里面，炙热的太阳日复一

海水

日地照射着水槽里的海水，等水被蒸发干了，晶晶亮的海盐就乖乖地躺在水槽中。直到现在，1200多年前老百姓盛水晒盐的古盐田遗址还保存在海南岛上。明代时已有感思、乐会等六个盐场，清代有三亚港盐场，以后又出现了崖县、陵水、儋县、临高等新盐场。

顺着海南岛的线索找下去，在海南省乐东县的海边，一望无际的盐海超出你的想象。这就是"北有长芦，南有莺歌海"的全国第二大盐场。

海南的阳光充足，全年日照2600多小时，日均7小时以上。这里气温很高，即使是冬天，温度也保持在18℃。这里海水盐度高，蒸发量大，港湾滩涂多，海滨沙滩细软平整，让建于1958年的莺歌海盐场成为得天独厚的产盐胜地。日晒风吹，使这里年蒸发量达到2600毫米，晒盐全过程较短，从纳潮至成盐只需31天。

这里简直是一个神奇的"蒸发器"，粗盐、日晒细盐、日晒优质盐、粉洗精盐，都能在这里生产出来，把它们堆积起来，就成了"冰雪"铸成的银山。莺歌海盐场的原盐年产量能达到20万吨。这里不仅产食用盐，还产其他种类的盐，这些盐是生产酸、碱、氯气和化肥的重要原料，不愧是"化学工业之母"。

海水淡化：不再"望洋兴叹"

海水是没法直接喝的。我们拥有巨大的水资源宝库，供我们生存、发展、饮用的淡水却少得可怜。想一想，在全世界的水中，97%是又苦又咸的，不仅不能喝，也不能用来浇田地，连拿来洗衣服都不行。就是淡水，也有很大一部分被冻结在高山和南、北极。空气里的水分和那些深埋

莸歌海盐田

"盐田万顷莸歌海，四季常春极乐园。驱遣阳光充炭火，烧干海水变银山。"

——郭沫若

⬆ 莸歌海盐场

⬆ 收获海盐

地下的水，我们也很难得到。那给我们的淡水还有吗？有是有，但仅仅占全球水量0.007%，实在少得可怜，而且都在江、河、湖泊和浅水层中藏着。

这样一来，淡水危机就极有可能出现。据预测，到2025年，全世界2/3的人口将生活在缺水状态中。

地球上的海水那么多，如果能够为人类所用，淡水危机便不愁解决了。

现在世界上有十几个国家的100多个研究机构在研究海水淡化，研制出来的几百种不同结构、不同容量的海水淡化设施每天在轰鸣中运行。沙特阿拉伯的海水淡化量占全球海水淡化总量的24%。一座现代化的大型海水淡化厂，每天可以生产几万甚至近百万吨淡水。海水冻结法、电渗析法、蒸馏法、反渗透法，都是正在应用的海水淡化

我国的海水淡化产业

根据全国海水利用专项规划，到2010年，我国海水淡化规模将达到每日80万～100万吨，2020年我国海水淡化能力达到每日250万～300万吨，尤其是国家积极支持海水淡化产业，自2008年1月1日起，企业的海水淡化工程所得免征所得税。我国海水淡化产业发展前景广阔。

海水淡化

方法。目前反渗透法凭借设备简单、易于维护和设备模块化的优点迅速占领市场，逐步取代蒸馏法成为应用最广泛的方法。

　　1985年，我国第一个日产淡水200立方米的电渗析海水淡化站在西沙永兴岛上建立。它安装的是我国自行设计制造的海水淡化装置。除此之外，在这个岛上，还设置了太阳能蒸馏海水淡化装置。虽然海水淡化成本还较高，但是随着技术的成熟，成本将越来越低，为缺少淡水资源的南海诸岛提供更多便利。

⬆ 海水淡化装置

南海矿产资源

··

能看到多远的过去，就能看到多远的未来。早在2500年前，古希腊海洋学者狄米斯托克利就预言：“谁控制了海洋，谁就控制了一切。”

如果你知道从距今6500万年的新生代以来，南海海盆经过了多次构造活动，在这些构造变动过程中形成了多种沉积盆地，那么你能看到多远的未来呢？从前的构造活动，为南海创造了大量的矿产资源，它们就蕴藏在南海“腹中”，等待海洋时代的到来。

··

石油天然气资源：第二个波斯湾

走笔惊山河。为何而惊？——南海庞大的石油、天然气蕴藏量。要知道，在这方面一个南海抵得上20多个大庆！

在地质构造上，南海位于欧亚板块、印度-澳大利亚板块与太平洋-菲律宾板块相互作用的构造部位，三大板块交汇处的南海经历了复杂的地质作用和构造演化过程，南海北部、西部和中南部形成了数量众多、类型各异的沉积盆地，这里埋藏着丰富的油气资源。

当我们的眼睛盯在陆地，我们的手紧抓着陆地时，无意中我们已忽视了海洋。我国的石油工业长期存在重陆地而轻海洋的问题，即使在海洋石油开采中有突破，那也是在北方着手，而非南方。世界在变，我们看世界、看自己的眼光也在变。在过去十几年里，世界上新增的石油后备储量、新发现的大型油田中，60%多来自海上。世界发展到今天，全球石油产量的1/3以上来自1.4万个海上采油平台。预计到2015年，海洋石油所占的比例可能达

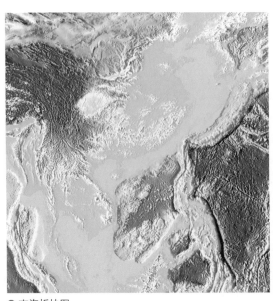

⬆ 南海板块图

到45%。全球新增石油、天然气储量主要来自海洋，深水海域已经成为全球石油、天然气资源储量接替的主要领域。

在波斯湾、墨西哥湾、北海地区，海洋石油勘探开发取得了最富有成效的业绩；俄罗斯北部海域、泰国湾及印度尼西亚沿海、巴西坎波斯盆地也发现了较丰富的石油天然气资源；西非深海勘探中不断有新的发现，里海地区发现不少大型油田时，我们便开始问自己：既然全球石油、天然气新发现中较大的储量来自海洋，我们还有什么理由不珍视自己的海洋资源呢？

要形成石油和天然气，就要有上好的沉积盆地。而南海正是世界上主要的沉积盆地之一，其中南沙群岛海域就有约41万平方千米，104个沉积盆地，形成石油所需的生成、聚集、盖层保护和运移等条件样样俱佳，各色各样的成油条件在这里达成了最佳匹配，其中主要含油盆地有20多个。据专家预测，南沙海域的石油资源储量约为351亿吨（波斯湾已探明的石油储量为490多亿吨），天然气资源量为8万亿~10万亿立方米，整个南沙海域蕴藏的石油、天然气资源价值至少为1万亿美元。

南海的油气资源

从2004年的数据来看，与渤海、黄海、东海相比，南海的石油资源有明显优势，南海是石油、天然气的富集区，已被列为我国十大石油、天然气备选区之一。

如此大的储量，如果不被开采出来，那将是巨大的损失。如今，我国在南海探明并且可供建设使用的石油天然气田已经有不少了，其中大中型气田有4个，小型气田有12个。从200米水深以浅的近海海域的石油天然气开采，到我国首座自主设计、建造的第六代深水半潜式钻井平台"海洋石油981"在南海海域正式开钻，南海的石油天然气开采向深海进一步掘进，中国石油天然气开采的发展走过了一段不平凡的岁月。

如果陆地上有油气田，海洋里也有油气田，你觉得谁更容易被开采？是的，在陆地开采油气田要比在海洋里掘"金"更为轻松。不用面对复杂多变的海洋环境，所以陆地开采的成本低。新中国成立伊始，虽然我国石油天然气开采的主线在陆地，在大庆，在克拉玛依，但总有一条海洋副线若隐若现。1957年，地质专家根据海南岛莺歌海村渔民向当时石油部反映的线索——附近浅海的油气苗至少存在了上百年，开始进行调查，并在浅海开始钻探工作。1960年，广东省石油管理局海南勘探大队在莺歌海村水道口附近的浅海中，用驳船安装冲击钻机，打浅井两口，共采得原油150千克，并在此基础上，于1963年钻探了具有海洋石油起步标志的"莺1井"。我国还采取对外合作方式，加快了南海石油天然气资源的勘探开发速度，通过先后与美、英、法、日、澳等国家的石油公司合作，引进了国外的先进技术和管理经验，使我国海上钻井技术得到大发展。

当"铁人"王进喜用斗志开出一条掘金之路时，我们还没有想过如果陆上的大庆在海里，该如何应对。可是，我们最终面对的是有20多个大庆油田之大的南海"油田场"，在这个"聚宝盆"面前，光有斗志是无法触碰到资源的，科学和技术才是打开财富大门的钥匙。

从历史的滚滚车轮中，我们看到了海洋开采的印记。由于当时技术、资金的限制，我国的开采一直局限在浅海，而近年全球获得的重大石油、天然气发现中，有近半来自深水海域，深水海域探明的石油天然气储量总计约为1000亿吨。这个数字背后的巨大诱惑让英国国家石油公司、埃克森美孚、壳牌、巴西石油、道达尔等著名的大型跨国石油公司蠢蠢欲动，像壳牌公司从1993年起已经建立了6个深水勘探中心，开发和运营了17个深水油田，走在深海勘探开发潮流的浪尖上。而我国未来将要面对的，同样是发达国家已着眼的深海石油开采。

⬇ 海洋石油钻井平台

海洋石油钻井平台

↑钻井平台事故

　　海面上，没有可以停靠的地方，要实现开采，首当其冲的就是建造一个钻井平台。这个钻井平台要够大，能勘探、钻井、修井，还得能"扛"得过台风。而设计建造钻井平台，要考虑的问题也是方方面面的，比如深水海底高压、低温的环境，海底地势起伏、海水腐蚀、固体颗粒冲蚀等会对海底管道产生重要影响。另外，这个平台面积和空间都有限，安全和环保标准更高，一个个可能遇到的问题都直接与深海科学技术紧密相关，必须考虑周密。

　　深海石油开采风险很高。首先，它的投入很大。陆上石油、浅海石油和深海石油的成本约为1∶10∶100。深水钻井每米要花大约1万元人民币，海上钢结构平台每平方米造价高达15万元人民币，工程建设中需要起重船、铺管船、三用工作船、补给船等的支持，大型工程船一天的租金就超过15万美元。建设一个中型海上油田投资总额在6亿美元以上，一个大型油田总投资要数十亿美元。并且一旦后面的十几个风险因子中的一个出了问题，这笔投入就很可能打水漂。其次，风险是与这片海洋紧紧相连的。如果这片海洋不给钻井平台"捣乱"，那就相安无事，反之，后果就严重了。南海是不是一个"危险因素"很多的海区呢？——那里台风频发，每年至少有4次台风经过；

经常遭遇内波流，这种复杂的海洋流可以在几分钟或几十分钟之内把一座大型轮船移位到几十千米以外；地质条件复杂，沙波沙脊是移动的，速度能达到每年300米；海水会腐蚀海上工程设施和海底管线。

风险这么大，依然勇往直前。困难，从来都是被人克服的。石油天然气开发公司啃完一块硬骨头，再啃一块，把困难当挑战。中海油2010年凭借中国海洋石油天然气勘探开发科技创新体系建设荣获国务院企业技术创新工程类国家科技进步一等奖。目前，中海油已形成我国近海石油天然气勘探开发的十大核心技术和十大配套技术，具备了开发近海石油天然气的全套技术能力。在近海的石油天然气开采中积累了经验，他们便开始向深海开采发起挑战。"海洋石油981"深水半潜式钻井平台已成为其前进路上的里程碑，也是中国深海石油天然气开采的里程碑。

这个像变形金刚一样的大家伙就是"海洋石油981"钻井平台，它长114米，宽89米，面积比一个标准足球场还

海洋石油981

长期以来，我国深水钻井能力只能达到505米水深，不及国外水平的1/6，"海洋石油981"钻井平台的出现，缓解了我国深水作业受制于人的尴尬局面。

⬇ 海洋石油981钻井平台

要大，平台正中是五六层楼高的井架。平台自重3万吨，承重量12.5万吨，可起降我国目前最大的"Sikorsky S-92 型"直升机。作为一座兼具勘探、钻井、完井和修井等作业功能的钻井平台，"海洋石油981"代表了当今海洋石油钻井平台的一流水平，它最大作业水深为3000米，最大钻井深度可达10000米。这个庞然大物是根据中国海洋石油总公司的需求和设计理念，由中国船舶工业集团公司708研究所设计、上海外高桥造船有限公司承建的，花费高达60亿元。在这个"大家伙"身上，还有首次研发的世界强度最高的R5 级海洋工程系锚链，通过调试后，被认为足以抵御17级台风，这远远超过船级社规定的要求。而"海洋石油981"之所以能够毫无偏差地进行钻井工作，得益于其自动化控制系统。司钻人员只需控制操作按钮，便能自如地为这个自重3万吨、半潜式平台可变载荷9000 吨的"大家伙"航行定位。

2012年5月9日，"海洋石油981"在南海海域正式开钻了，这是中国的石油公司首次独立进行深水石油天然气的勘探，标志着中国海洋石油工业深水战略迈出了一大步。中海油还有更大的目标，从现在到2020年，它决心建立起拥有1500~3000米水深勘探技术的开发队伍、装备和能力，让自己的深海油气田勘探开发技术达到世界先进水平。

虽然中海油在深海采油方面的技术水平在不断提高，但与发达国家相比，我国在深海采油装备、深海采油技术、风险的防范与处理事故的技术上仍有差距，需要付出更大的努力去攻克难题。这不仅是中国面临的问题，也是世界面临的问题，如果不在这些问题上作好充足的技术准备，像墨西哥湾漏油事故的悲剧还会再次上演。

对南海油气资源的勘探和开采，是关系你我他，关系我们国家经济发展的大事。出行需要乘车，无

墨西哥湾漏油事故

论是校车还是公交车，都需要烧油或烧气；做饭需要用天然气。而对国家来说，石油天然气更是经济发展的重要战略能源，许多化工企业靠石油天然气作为能源。假定我国未来15年的经济增长率维持在7%以上，石油需求将以至少4%的速度递增。如果石油天然气的开发速度跟不上需求的增长，油气价格就会"水涨船高"，会对我们的生活乃至国民经济可持续发展产生重大的影响。

国家海洋战略将在南海大展身手。南海是未来几十年中国石油勘探的"主力"海区，是陆上石油天然气开发最重要也最现实的接替区，将承担国内油气供应量一半以上的份额。在南海建设的钻井平台上，高高飘扬的五星红旗告诉世界：我们的能源开发已经步入"海洋时代"。在蔚蓝国土上，综合开发海洋、利用海洋资源、捍卫海事权利，是每一位炎黄子孙的责任。

墨西哥湾漏油事故

2010年4月20日，美国路易斯安那州沿岸的一座石油钻井平台爆炸起火，11人死亡。底部油井漏油量从每天5000桶到后来的每天25000～30000桶，成为美国历史上最严重的油污大灾难。

可燃冰：冰中之火，未来能源

你见过这样一种奇特的现象吗？——有这样一种"冰"，在合适的条件下，会熊熊燃烧，红色的火焰在"冰"上欢快地"跳着舞"。

这种"冰"的真姓大名叫做"天然气水合物"，是一种水与甲烷在低温高压下形成的冰状晶体。不要小看了这"舞蹈"，小小的浪漫也能释放出巨大的能量——1立方米的可燃冰在常温常压下可以释放约150立方米的天然气。也许你难以体会这些数字意味着什么。它说明，在同等条件下可燃冰燃烧产生的能量比煤、石油、天然气要高出数十倍。

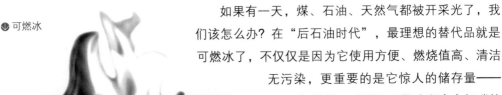
⬇可燃冰

如果有一天，煤、石油、天然气都被开采光了，我们该怎么办？在"后石油时代"，最理想的替代品就是可燃冰了，不仅仅是因为它使用方便、燃烧值高、清洁无污染，更重要的是它惊人的储存量——据估算，世界上可燃冰所含有机碳的总资源量相当于全球已知煤、石油和天然气总和的2倍。

储量巨大的可燃冰要在哪里才能找到呢？你可以在广阔的海底地层中、极地以及中低纬度地区的永久冻

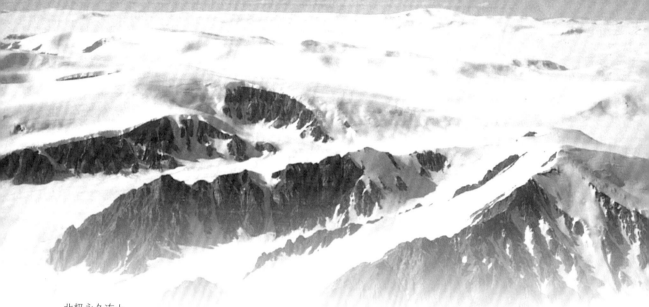

北极永久冻土

土中找到。海洋是可燃冰最大的"藏宝地"，据估计，海底"可燃冰"分布的范围约占海洋总面积的10%，相当于4000万平方千米。

在中国的可燃冰藏宝地图上，需要将南海着重标记。经初步判定，南海海底有巨大的"可燃冰"带，能源总量估计相当于全国石油总量的一半！地质工作者在我国南海北部神狐海域钻探目标区内圈定了11个可燃冰矿体，探知其地质储量约为194亿立方米，而这仅仅是"冰山一角"而已。

要点燃未来能源"海底火种"并不是一件容易的事情。热激化法、减压法和注入剂法是现在设计的开采方法，但是技术复杂、成本高昂，难以实现大规模开采。可燃冰如此诱人，我们却难以享受到它带来的好处，甚至在开采的过程中就会掉入"黑洞"。

还记得可燃冰是由什么组成的吗？除了少量水，绝大部分是甲烷。如果甲烷大量泄漏到大气中，产生的温室效应要比二氧化碳大10~20倍。那甲烷会从"可燃冰"中跑出来吗？"可燃冰"非常活泼，如果把它们从海底带出海面的过程中没有得到好的保护，甲烷就会"跑"到大气中，"可燃冰"就成了一摊水。跑到大气中的甲烷，会让地球更"热"，冰川消融。海底可燃冰埋藏环境减压后，会很快分解，甚至发生井喷。井喷后，海水可能气化，甲烷"淘气"地"跑"出来，掀起海浪来，"逗引"海啸出来把船掀翻，甚至给低空飞行的飞机带来厄运。

🌐 海底大陆架可燃冰分布

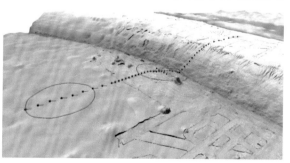

把储量巨大的可燃冰变成优质能源，需要深入细致的研究。开发"可燃冰"要从钻获实物样品开始。在可燃冰的研究领域，美国、日本、加拿大、俄罗斯和德国已经成为领导者。我国也不甘落后，2007年，我国从南海北部成功钻获了天然气水合物实物样品，成为继美国、日本、印度之后第四个通过国家级研发计划采到实物样品的国家。5月15日在第四个站位成功获得了天然气水合物实物样品，测试结果振奋人心，测井、温度等多项分析数据证实，天然气水合物的沉积层厚度达34米，气体中甲烷的含量高达99.8%。无论是矿层厚度之大、水合物丰度之高，还是甲烷含量之纯，都远超世界其他地区类似分散浸染状的水合物。2010年12月15日，中国地质工作者在中国南海北部神狐海域钻探目标区内圈定的11个可燃冰矿体，是目前世界上已发现可燃冰地区中饱和度最高的地方。

中国的"可燃冰"之梦已经起航。

海绿石

南海除了有丰富的油气资源、可燃冰资源，还有海绿石。在我国，海绿石蕴藏最多的海域就是南海。

在广东省台山市赤溪半岛铜鼓湾有一片世界罕见的黑色砂质海滩，长1.5千米的黑色砂滩非常平坦，砂质非常细密、均匀，砂体内含有多种矿物质，这些黑色的细砂就是由于海洋特定环境形成的带黝黑的次生矿"海绿石"。

海绿石不是绿色的吗？怎么形成的是黑色沙滩？其实海绿石以绿色为主，但是也有黑色、褐色、深绿色、绿黑色、褐绿色、灰绿色、黄绿色等，不仅颜色多样，而且形态各异，有粒状、球状、裂片状等。

南海海绿石有两种类型：一类为他生海绿石，主要分布于珠江口一带、雷州半岛、海南岛以东近岸海底，是由南海海域中和相邻的陆地上的第三纪与白垩纪海相地层中的海绿石在被冲刷和剥蚀过程中从上述地层母岩中被分离出来，由陆上径流与海流搬运而沉积在南海海底的，

铜鼓湾海域风光（局部）

🔽 海绿石

也有在原地沉积下来的。另一类是海洋自生海绿石，是南海的北部陆架外缘适宜的沉积环境中生长发育形成的。南海自生海绿石广泛分布于陆架—上陆坡，南海北部最多，东南部仅零星出现，其他陆架区少见。

东沙群岛以北的南海海区中广布着富含海绿石的沉积物。与东海、黄海一样，沉积物中有生物状、颗粒状和书页状3种海绿石，不同的是本海区以生物状海绿石为主，颗粒状海绿石次之，书页状海绿石为数不多。

海绿石可以用来做什么？它可以做净化剂、玻璃染色剂和绝热材料，海绿石和含有海绿石的沉积物是提取钾的原料，还可以做农业肥料，所以海绿石具有重要的经济价值。

滨海砂矿

我国南海是滨海砂矿富集的地方。这里资源丰饶，蕴藏的滨海砂矿种类较多。有些矿种已经得到了开采，有些矿种储量大，勘探利用的潜力巨大。

广西滨海蕴藏着极其丰富的砂矿资源，已查明的砂矿床有22处，可开发利用矿种有31个，其中最有经济价值的矿种是锆英石、石英砂、金红石、钛铁矿、独居石等。目前已经被开发利用的主要有北海白虎头的玻璃石英砂矿、江平沿岸的锆石—钛铁矿、巫头一带的金红石—锆石矿等。

海南岛滨海是我国砂矿最富集的地带之一，已查明砂矿床（或矿点）40余处，这些矿产不仅矿种多、储量大，而且质量上乘。其中，钛铁矿、锆英石和石英砂矿的探明储量居全国首位。从文昌经万安直至三亚的砂质海岸带上，分布着全国最富集的钛铁矿和锆石矿。在这里，一边开发，一边修复废弃地，使环境很快恢复自然状态，是资源开发与环境维护和谐发展的地带。

广东沿海钛、锆石分布比较普遍，雷州半岛沿岸以金红石、钛铁矿为主，阳江—吴川一带沿海主要是磷钇矿和独居石；锡石则主要分布在海丰—台山的部分海滨。

🔼 钛铁矿

南海动力能源

　　潮涨，潮落，海浪声声诉说着海洋的秘密：大海最平常的"一呼一吸"都充满了无尽的能量，值得人类开发。作为我国最大的海域，各种形式的动力能源，如潮汐能、波浪能、海流能、风能等，在这里一一呈现。

风能

潮汐

潮汐如何发电?
在涨潮时将海水储存在水库内,利用高、低潮位之间的落差,推动水轮机旋转,带动发电机发电。

潮汐能

涛起,随日月兴衰。被称为"大海的呼吸"的潮汐也能造福人类。南沙群岛礁群附近受特殊的地形影响,槽沟水道纵横交错,潮流较急,潮差明显增大。南沙海区最大潮差能够达到3米,礁体大多为环礁,是得天独厚的潟湖潮汐电力能源开发区。

南海海域有哪些潮汐发电站呢?

1958年建成发电的广东省顺德县大良潮汐电站,是全国首批潮汐电站中规模最大的电站,当时是为解决大良镇及附近农村的动力及照明用电而建的。后来因为发电水头不能达到设计要求和木制水轮机转轮效率低下(单机发电功率仅为10千瓦左右)等原因,运行一段时间后就废弃了。

北部湾海域是我国南海最大的潮差区。1976年,北部湾海域,广西壮族自治区钦州市龙门港果子山小岛上,建起了一座简易的潮汐能发电站。你能想象到吗?它是利用原有的虾塘改建的,装机容量40千瓦,这样一来,附近两个渔村加工农副产品的部分照明问题就得到了解决。

在南海,大大小小的潮汐发电站还有很多,在全国规划的可开发潮汐能资源的398处坝址中,南海沿岸拥有其中的148处,占全国可开发潮汐能源坝址的37.2%。据调查,南海潮汐能资源蕴藏量装机容量为846.4万千瓦,年潮汐总能量为217.3亿千瓦时,分别占全国的7.7%和7.9%。

波浪能

说完潮汐能，再说波浪能。海浪的能量非常惊人，拍岸巨浪曾经把几十吨的巨石抛上20米高处，万吨轮船也可以很轻松地被推上海岸。如此巨大的能量若能用来发电，岂不是一件大大的好事！

⬆ 小型波浪发电装置

南海到底蕴含多少波浪能呢？南海波浪能的蕴藏量为632.5万千瓦，占全国波浪能总蕴藏量的27.5％，西沙海域和广东东部海域是南海波浪能集中分布的地区。在主要分布区的岛礁上，你能时常见到利用波浪能发电的航标灯。

我国在一步一个脚印地挖掘超级波浪能的潜力。在南海海域，我们从来没有停下探索的脚步。1983年，广东就研制出了10瓦超小型波浪能发电装置。1986年在珠江口大万山岛研建3千瓦波浪电站，随后几年又将其改造成20千瓦的电站，1996年2月试发电。初步试验结果表明，该电站技术水平和规模优于日本、英国和挪威的同类电站。位于广东省汕尾市遮浪镇的100千瓦岸式波力电站是一座与当地电网并网运行的岸式波浪发电站，2001年2月进入试发电，最大发电功率是100千瓦。这个电站的所有保护功能均在计算机控制下自动执行，使波浪能发电技术接近实用化。

南海的海洋动力能源有着远大的前景，将在能源的可持续发展中走得更远。

波浪

南海渔业资源

南海是海洋生物的"大乐园"！大到30多米长、160多吨重的蓝鲸，小到几毫米长的棘头虫类，众多生物快乐地生活在南海。我国的海域中没有哪片海能比南海拥有的物种更全面了，南海真不愧是我国的"福海"。海洋生物资源如此巨大，渔业资源更不用说，无论捕捞还是养殖，南海都拥有得天独厚的优势。

南海近海捕捞

每天，大量的鱼类、虾类、头足类熙熙攘攘地在辽阔的南海中游来游去。这里有它们适宜的水温、喜爱的食物、喜欢的珊瑚礁，更有它们相伴玩耍的伙伴。在它们之中，很多种类有着极高的经济价值，如马鲛鱼、石斑鱼、金枪鱼、中国龙虾、图纹白尼参、大珠母贝、马蹄螺等，产量很高，是出海捕捞时最受欢迎的种类。面积约为350万平方千米的南海，海域辽阔，又身处热带、亚热带，最大持续渔获量高于渤海、黄海和东海。

如果想从渔业捕捞中分一杯羹，那你知道把捕鱼船开到哪里去吗？你把南海渔业资源分布的情况摸清楚了，你就会知道哪里鱼多。其实，鱼多的地方早就是渔民们口口相传的渔场。大小径流从我国大陆流入南海，这可以提高海水肥沃度以及海洋生产力，对形成良好的渔场也有一定作用。就海南省来说，全省海洋渔场面积30多万平方千米，200米水深以内的渔场面积22万平方千米，可供养殖的滩涂2.6万公顷。北部湾、三亚、清澜和西沙群岛是四大渔场，南沙群岛海区更是中国最典型的热带渔场，开发潜力极大。

北部湾渔场是中国四大渔场之一，有着中国最洁净港湾的美誉。

⬆ 南海捕捞

北部湾自然环境优越，鱼、虾类资源相当丰富，它们平时分散栖息在湾的中部较深水域，每年冬末春初开始洄游到近岸产卵，产卵后再洄游到较深海域，幼鱼在近岸觅食长大后也移到较深海区生活，很少游出湾去，独自成为一个区域性群体。在这里一网撒下去，如果幸运的话，就能捕捞到十几种生物。据有关资料记载，北部湾有900多种鱼，其中优质经济鱼类50多种，如石斑鱼、带鱼、马鲛鱼、鲳鱼、金线鱼等；此外，还有大量头足类、贝类生物，仅虾类就超过200种，蟹多达20多种。

除了北部湾渔场这个"大鱼舱"，东沙、西沙、中沙、南沙群岛的礁盘及附近海域的生物资源也非常丰富。琼海的渔民长期在这些海域从事渔业生产。自20世纪50年代开始，每年从南海诸岛开采的海参就能达到80吨了，海龟325吨，贝类118吨。到20世纪80年代，到西沙、中沙群岛的渔船有100多艘。

西沙群岛、南沙群岛和中沙群岛也是渔场密集的地方，它们位于我国南海的中、南部的深海海域，它们是由三个相互分离的珊瑚礁群组成，这些礁群奠基于数千米深的海床上，就像一个个海底山峰一样挺立，露出海面的成为岛屿，隐没在海面以下的即为暗礁。就其形态

西沙群岛海域（局部）

↑ 南海捕捞船队

划分，有平台礁和环状礁，有些礁群常年露出海面，草木繁盛；有些只在涨潮时露出，岛面植被很少，有些常年隐没在海面以下，这些群岛的邻近海域，底栖生物丰富，鱼虾汇集，从而构成良好的渔场。东沙渔场西北部大陆架海域主要经济鱼类有竹筴鱼、深水金线鱼等；东部水深200米海域有密度较高的瓦氏软鱼和脂眼双鳍鲳，水深400~600米海域，有较密集的对虾等深海虾类。中沙东部渔场散布许多暗礁，最大水深超过5000米，是金枪鱼延绳钓渔场。西北部大陆坡水域是深海虾场。

虽然南海满是鱼虾，但也禁不住粗放的大量捕捞。20世纪80年代渔业捕捞的发展，使得南海的渔业资源大幅衰退，品种下降速度很快。我们应该走可持续发展的道路，充分挖掘渔业资源的潜力，保护好渔业资源，有取也要有留。研究并建立保护渔业发展和发展海洋捕捞渔业最适宜的渔业管理体制，实行渔业综合治理，进行资源修复，是我们需要考虑的问题。

南海的渔业资源

据专家估算，南海区的渔业资源潜在渔获量大体分布如下：

南海北部大陆架渔场（47.76万平方千米）约121万吨；

北部湾渔场（16.4万平方千米）60万~70万吨；

西、中沙渔场（21万平方千米）23万~34万吨；

南沙渔场（71万平方千米）42万~56万吨。

全区渔业资源潜在渔获总量为246万~281万吨。

南海远洋捕捞

　　沙丁鱼、金枪鱼、鳕鱼，在如今各大城市的海鲜市场早已不是新鲜事物。中国的远洋捕捞开始却并不早，20世纪80年代中期，我国的远洋渔业肇始，如今，共有企业100多家，渔船近2000艘，从业人员50000人以上，年产值7亿多美元。

↑ 鳕鱼

　　无论是南海、东海还是黄海、渤海，就像国际贸易一样，"走出去"都是有战略意义的，发展远洋渔业对于保障国家食品安全、缓解近海渔业资源捕捞强度、带动渔区社会经济发展和渔民致富、丰富国内水产品供应、促进对外经济技术合作、维护我国海洋渔业权益等意义重大。

　　近海捕捞"僧多粥少"，去更远的蓝海碧波，无疑是上佳选择。远洋渔产品远离近海，污染程度轻，更受消费者欢迎。联合国粮农组织对世界海洋渔业资源可捕量的总体估价是，鱼类2亿吨，甲壳类230万吨。即使不考虑南极磷虾，世界海洋渔业资源的可捕量也要比目前

远洋渔船

的渔获量高出2倍以上。因此，在今后较长的时期内，远洋渔业仍将有条件持续发展。

南海的远洋捕捞走过了从无到有，逐渐壮大的道路。以广西为例，到20世纪90年代中期，就发展到近60艘远洋渔船的规模，如1993年，远洋渔船数量为58艘，远洋渔业产量达到1300吨，产值876万美元。

再来看福建，福鼎远洋渔业自2004年以来从无到有、从小到大，作业区域从太平洋公海海域扩展到印度洋、大西洋，形成近百艘渔船的远洋渔业队伍，日渐成为福建省远洋渔业捕捞的核心力量。

鼓励渔民到更宽广的海域进行捕捞作业，挖掘更多的海洋资源，不仅需要国家良好的海上政策扶持，也需要大量远洋渔船作为支撑。作为岛屿省份的海南省

⬆ 渔船

有着丰富的海洋资源，从发展远洋渔业必不可少的渔船入手，开拓远洋捕捞业。目前所建造的一批现代远洋渔船共6艘，其中有灯光照网渔船3艘，每艘灯光照网渔船重400吨，能承载19名渔民，可持续航行2个月以上；另有天泰1号、天泰3号和天泰6号3艘加油船，其中天泰1号为油动船，可承载1500吨油资，能作为海上移动加油站，而天泰3号和天泰6号则为输油船，可承载200吨油资，能流动地为远洋船只"上门"加油。这批大渔船的投入使用将极大地改善我国渔民在南海及其附近海域的捕捞环境。

到2014年，海南南海现代修造船有限公司将建立起以中间产品组织生产为基本特征的总装造船模式，使造船标准接近国内先进水平，到2015年将全面建立现代造船模式，造船周期和生产效率接近或达到国际先进水平，更好地为南海产业开发服务。

南海养殖

南海是发展热带渔业的理想之地。说这句话可不仅仅是因为在渔业捕捞量上南海排在前列，在海水养殖方面，南海也是耕海牧渔的优质"牧场"。

海水养殖

　　这个大"海洋牧场"有什么优势呢？南海的海岸线绵长，有辽阔的滩涂和众多的港湾岛屿，给海水养殖提供了充足的"养殖场"。现在，南海区约有网箱29.8万个，网箱面积为210万平方米，年产量约为59万吨。同时，海水池塘养殖也在高速发展，2008年仅广东省海水养殖种类就达40多种，养殖面积约5万公顷，总产量约20万吨。

　　南美白对虾是现在世界上养殖产量最高的三大虾类之一。南美白对虾壳薄体肥，肉质鲜美，营养丰富，含肉率高，加工出肉率可高达67%。它适应环境的能力很强，可在18℃~32℃的水域中生长，适盐范围也广，可在盐度1~40的条件下生长。南美白对虾生长快，抗病能力强，是不可多得的养殖品种，现已成为我国南方主要的养殖虾种，在厦门、北海、南宁和广州等地均有虾苗、无节幼体或亲虾供货，养殖产量也很高。

❶ 南美白对虾

⊕ 近江牡蛎

　　南海的牡蛎有十多种，最具经济价值的是近江牡蛎，个头大、质量好。它生活在河口附近，分布范围也很广。渔民在珠江口一带对它进行了大量的人工养殖，产量很高，特别是宝安县一带的渔民养殖牡蛎的经验很丰富，产品质量极好，加工制成的蚝豉、蚝油及多种罐头受到国际市场的欢迎。

　　天然的海水珍珠非常珍贵，但是数量较少满足不了市场的需求。珍珠养殖的兴起，使得产业的发展突飞猛进。我国的海水珍珠养殖从20世纪80年代末期就开始了，珍珠产量大约有2000吨，已经超越了珍珠大国——日本。我国品质上乘的珍珠已经完全可以和国外优质的海水珍珠相媲美。我国的海水珍珠——南珠，早已名扬世界，目前，海水珍珠养殖（其母贝主要为马氏珠母贝，又称合浦珠母贝）已成为广东、广西、海南三省区沿海某些地区经济发展的支柱性产业，养殖面积近6000公顷，年产海水珍珠20~30吨，未加工的初级产品（统珠）的产值超过2亿元。

● 海水珍珠

🔺 石斑鱼

🔺 石斑鱼

石斑鱼也是南海区相当重要的经济鱼类。2007年，石斑鱼养殖产量从2003年的2.4万吨迅速增长到4.4万吨，增长率近81%，产量也达世界养殖产量的59%。2009年，广东地区的养殖产量为2.1万吨。随着石斑鱼池塘养殖的迅速发展，海南2012年1~5月的产量就已达2.73万吨，福建2012年前三季度达1.2万吨。

如果你认为南海的海水养殖只有以上所介绍的几种，那就错了。这些仅仅是南海养殖业的冰山一角，巨大的养殖产业在南海开展得如火如荼，南海已经成为我国海水养殖的"先头兵"。

南海
考古藏典

03

一只青瓷龙纹盘，承载了一段肃穆的过往；一枚"天启通宝"平钱，捧托着一段曲折的岁月；一艘"海上丝绸之路"的沉船，担承了一段神秘又幽远的历史。南海的海水吞藏着一切，又让一切显露。能让青釉碗、残铜镜、青白瓷、水下遗址从尘封的海底中走出，让我们能贴近地注视它们，能慢慢洞悉它们身世的，是南海考古。

南海沉船

一艘沉船，就是一个小型博物馆，它包藏着岁月的流沙和秘密。镜头回转，连天浪静长鲸息，映日帆多宝舶来。当装载着古朴陶器、多姿瓷器、厚重石雕、新鲜茶叶、上乘丝绸等货物的商船从中国东南沿海的良港出发时，翻涌的海浪就开始了一个叫风险的游戏。怀着财富梦想的人踏上去西亚的海上之路时，不定的危险埋伏在珊瑚礁周围。西沙海域是海上丝绸之路的必经之地，也是自古以来的险恶之地。而西沙群岛的北部海域是个"死亡之海"，暗礁遍布、台风频繁。风平浪静航行几日，却突然风雨大作，是常有之事。如果这时不幸触礁，那么船、船上的人以及船上的货物便会瞬间沉入大海，埋入淤泥，千百年不见天日。

货船越多，沉船越多。而南海，几乎无处无沉船。

"华光礁1"号

"海上丝绸之路"艰险，却充满诱惑。三条船同时出航，能有一条安全到港便是万幸，即便如此，商人们仍然愿意冒险，因为与这背后的商贸之利相比，性命在天平上不能获得压倒性胜利。在七星洋，就是我们现在所说的西沙群岛，是这条路上最险恶的路段。南宋时期，就有这么一艘商船在西沙群岛华光礁附近遇险沉没，一转眼便是800年。

俯瞰华光礁

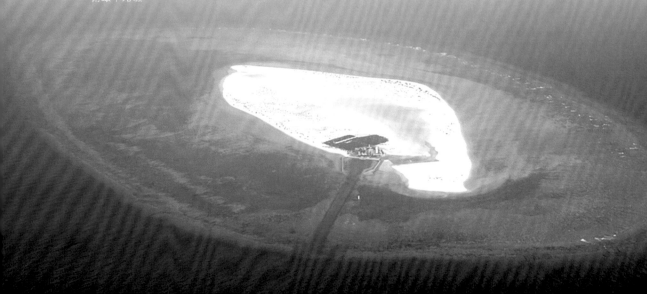

⬆ 水下文物

南海渔民首先发现了"新大陆",考古队进行第一次试发掘的时候,已经是1998年了。这次试发掘共打捞出1800多件瓷器,是不小的收获。2007年对华光礁进行相对完整的水下发掘时,31位来自全国各地的水下考古人员,在55天的艰难探查后,才发现这里不仅有上万件沉睡的文物,就连这里的古船也已经沉默了太久。

这处面积比篮球场还大些的遗址,被埋在厚厚的珊瑚沙下,要识得它们的庐山真面目,可费了考古工作者不少工夫。西沙群岛是海底珊瑚的小王国,珊瑚竟也对沉船的瓷器"感兴趣",它们将瓷器"冻结",将沉船层层覆盖。考古队员首先要搬开这些"纠缠"在瓷器和沉船身上的珊瑚,然后就是抽沙,沙子有两米左右厚。真是幸亏有这些沙子和珊瑚,不然在水下的沉船很快就会被海水侵蚀。珊瑚"走了",沙子"跑了",华光礁的"真身"便呈现在世人面前——你会发现,原来海底宝藏的故事是真实的。

⬆ 出水的瓷器

⬆ 出水的文物

出水的文物

水下考古

在华光礁发现的这处遗址，被命名为"华光礁1"号，它位于华光礁的西北，面积约为1000平方米，发掘面积约为200平方米。在这里，满眼都是盘子和碗，灰白色的钙质硬壳"爬"在它们的表面。堆得最高的地方有两三米的样子，凑近看，还能依稀发现那是碗、盘、碟、壶等日用品，此外还有少量铜镜残片、铁器、铜钱等。最扎眼的还是这艘古沉船——我国目前在远海海域发现的第一艘古代船体，虽然暴露于海床表面的部分已经被破坏，但是残存船体的覆盖面积仍然达到180平方米，船体长约20米，宽约6米，船舷深3~4米，有11个残存的隔舱。据估计，这艘古船的排水量大

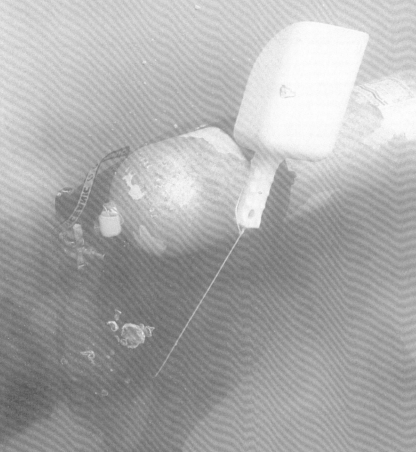

于60吨。沉船的船舷下削如刃，船的横断面为V形，这种构造让船更坚固，同时吃水深，抗御风浪能力十分强。遗址表面还存留有几处体积较大的凝结物，我们所看到的沉船应该是船只沉没在坚硬的珊瑚沙上，骨架断裂散落后形成的，与船体原始面貌相去甚远。遗留物主要集中在沉船的西部，这是因为沉船受到破坏后向西倾斜。发掘人员分析称，船只应是在靠近礁盘盘体处航行，出现驾船或操控失误，船只被巨浪托起进入礁盘内浅水珊瑚丛中搁浅，并造成船体破碎。

这是一艘南宋时期的沉船。为什么是南宋时期呢？沉船和遗址本身没有专门的纪年文字材料，判断沉船年代研究人员依靠的还是瓷器。华光礁零星出水的青黄釉器中，有一些可以确定是福建民窑的产品，把这个窑的部分标本与发掘的瓷器对照会发现，它们相同或相似，推断年代大致为南宋早、中期，所以华光礁的瓷器与民窑瓷器的年代也应与此相当。

青白釉瓷器是出水文物的主角，另外还有褐釉、青釉、白釉、黑釉系的器物，从产地看大多来自福建闽南一带的民间窑厂，碗、盘、碟、盒、壶、盏、瓶、罐、瓮等是主要类型。器物的装饰手法有刻划、模印、堆贴、雕塑等，有的是几种技法组合于一器。刻有"吉"、

⚜ 水下文物

"大吉"的青瓷盘，应为南宋福建南安罗东窑代表产品，另外，釉不及底的黑釉盏为福建建窑产品，还有留下篦划纹装饰的珠光青瓷，为福建闽清义窑的产品。这些瓷器大部分是粗瓷产品——种类多、釉色驳杂。另有少量青白瓷精制品，来自江西景德镇湖田窑，胎质细腻，胎体很薄，釉色光洁明亮。陶瓷器成批地堆积在舱里，有的还保持原来的堆放状态，从上面的信息基本可以判断：这艘沉船是一艘古代远洋贸易商船，它所运载的货物大部分是销往海外的民间生活用瓷，可能有少量是卖给王公贵族的。

⬇ 粉盒

粉盒是出水瓷器中最多的，有上千件之多。今人爱美，古人也爱美，从这小小的粉盒便可以管中窥豹。粉盒图案花团锦簇，其中有折枝牡丹、莲花、六星花卉、七星花卉、团花、菊瓣、莲蓬、针叶纹和釉面冰裂纹等。粉盒里外施白中泛青的青白色釉，透出一种"清水出芙蓉，天然去雕饰"的美感。经初步鉴定，这些瓷器为福建境内的德化青白瓷窑烧于南宋年间的产品。

一艘船，载不动一段历史的记忆，它的沉没却给800多年之后的今人一份独特的海洋文化遗产。从"华光礁1"号上，我们能够看到南宋时"海上丝绸之路"的轨迹、高超的航海技术和造船水平、古代瓷器的清秀面貌和制作水准、与周边国家的友好往来，还能看到包容汇通、大气开放的南宋。据晋时《南海记》记载，当时与广府通航的国家和地区有147个。"广府是世界大城之一"，摩洛哥一个商人这样描述当时的广州。水中发现是陆上发现的一个重要补充，"华光礁1"号的发现，对古代社会研究、对整个考古发展都有重要价值。

仍有大美沉落海底，等待我们发现。

"海上丝绸之路"

西汉武帝以后，汉朝商人和政府翻译官开辟了与当时南海诸国及印度、斯里兰卡的水上交通线，从事经常性的贸易，这就是"海上丝绸之路"。"海上丝绸之路"从广东沿海的港口出发，向西沿海岸线、中南半岛南下，绕过马来半岛，穿过马六甲海峡，到孟加拉湾沿岸诸国，最远抵达印度半岛南端。这是世界上最早的远洋航线，以商品贸易为主，标志着我国古代对外贸易"海路"的开辟。唐朝将"海上丝绸之路"拓展到波斯湾各国。宋元时期"海上丝绸之路"达到鼎盛。清前期，"海上丝绸之路"已与全球海上贸易路线衔接，基本上能够到达世界各地。

"南海 I"号

1987年，广东阳江市东平港以南约20海里，一艘古沉船头枕礁石，早已忘记曾经的喧嚣和阳光。它没有死去，只是睡着了。

8月的阳光把它重新叫醒——广州救捞局在广东上下川岛外海域意外地发现了一艘至少沉睡了800年，却未腐烂的古代沉船，船上装载着大量文物，是目前发现的最大的宋代船只，还给它起了一个名字叫做"南海 I"号。

它模样"凌厉"，"个头"和"吨位"都非常大，尖头船，整艘船长30.4米，宽9.8米，船身（不算桅杆）高约4米，排水量估计可达600吨，载重近800吨。

"南海 I"号的发现是一大奇迹，此前在世界范围内都未曾发现过如此大的千年古船。最让考古学家惊喜的是，和"华光礁 1"号一样睡了多年的古沉船，却"容颜未老"，它的船体保存得相当完好，整艘沉船未翻未侧，船体为双甲板结构，甲板部分是由杉木或者马尾松建造，是抗浸泡性较好的造船材料，船体的木质仍相当坚硬，敲起来当当响。这艘沉船的出现对研究我国古代造船工艺、航海技术以及木质文物的长久保存，提供了最典型标本。同时，它也成为复原"海上丝绸之路"的历史、陶瓷史罕见而难得的实体沉船。

⚓ 打捞"南海 I"号

⬆ 出水的"南海Ⅰ"号

发现它，是一种缘分。本来，广州救捞局与英国的海上探险救捞公司在上川岛和下川岛海域寻找东印度公司沉船"莱茵堡"号，但是东印度公司的沉船没有找到，却意外发现了深埋在海平面之下23米的另一艘古沉船，打捞出来的上百件瓷器让人眼前一亮。

在当时的条件下，深海沉船打捞的复杂性，不亚于在外太空进行宇宙探测。由于专业考古队员的缺失、资金的缺乏和水下仪器水平的限制，对"南海Ⅰ"号的正式调查于2001年才开始显出眉目。6年以后，这艘迄今为止世界上发现的年代最早、船体最大、保存最完整的海上远洋贸易商船终于"重见天日"！

四五千件文物精彩呈现，有瓷器、金器、银器、铜钱、锡器、铁器、漆器、动物骨骼等，多数是十分罕见甚至绝无仅有的文物珍品，据估计，整艘沉船上共有6万~8万件文物。这些文物以瓷器为主，包括福建德化窑、磁灶

⬆ 出水的文物

盛放"南海Ⅰ"号的水晶宫

整体打捞后，古沉船住进了专门为它建造的水晶宫，这是一座巨型的玻璃缸，位于博物馆的中央，水深12米，水质和其他环境均与"南海Ⅰ"号沉船所在海底的自然环境相一致，这样有利于对古沉船上文物的保护。

窑、景德镇窑系及龙泉窑系的高质量精品，造型新颖独特，纹饰图案繁复大方，工艺技术精美绝伦，器形种类繁多，品种超过30种，主要有罐、壶、碗、盘、军持、杯、盒、碟等，基本上属于南宋时期。古船不幸沉没，幸运的是，船体沉没后在较短时间内就被泥沙掩埋，这些淤泥呈层级分布，可以分为三大层或四大层，从外到里分别是沙层、黄色泥层、灰色泥层，仔细辨别，肉眼就可以分辨出十几小层，并且层与层之间有明显的层位关系，最外的沙层的淤泥颗粒最大，越往里淤泥的颗粒越细小，它们成功地隔绝了海水对器物本身、对船体的冲刷，所以古船和

盛放"南海Ⅰ"号的地方

⬆ 出水的瓷器

⬆ 盛放"南海Ⅰ"号的水晶宫

⬆ 考古活动

⬆ 考古活动

船上的文物大部分完好无损，尤其是瓷器，完整而且釉面光亮如新。这艘古沉船是"睡美人"，是苏醒的"公主"，身价不菲。考古专家表示，与这些瓷器年代、工艺相当的一个瓷碗，之前在美国就卖出数十万美元的天价，而这里却是成堆、成批地出现，可谓价值连城。"南海Ⅰ"号的文物刚一露面，一件充满异域风情的7米长鎏金腰带就吸引了很多人的目光，腰带由四股八条金线编织而成，表面饰璎珞纹。除了巨型腰带，200克重的手镯也让人想象——这会不会是一位富裕的西域商人所佩带的饰品？"南海Ⅰ"号里还发现上万枚铜钱，其中，有年代最早的汉代五铢钱、大量的北宋钱币，还有部分南宋铜钱，最晚的是宋高宗年间的"绍兴元宝"。一个体格粗壮，身材高大，浑身戴着金饰，揣着万枚铜钱的富商巨贾的形象呼之欲出。考古专家判定"南海Ⅰ"号是一艘国际贸易商船，船主可能是一位西域富商，也可能是一名去西域做生意的中国巨贾，在船上有部分外国人随行。沉船上还发现了两具眼镜蛇遗骨，专家认为，眼镜蛇为饲养的宠物，可以推断船上曾载有阿拉伯商人和印度商人。船上一些"洋味"十足的产品非常独特，与国内发现的同期产品完全不同，比如，其中一些"喇叭口"大瓷碗，与阿拉伯人常用的"手抓饭"饭碗相类似，这种式样却从来没有在国内发现过，还有一些式样、风格和造型都与国内物品风格迥异的陶瓷首饰盒等物品，显然都是为国外客户专门制作的。"南海Ⅰ"号可以初步证明，早在千年

⬆ 出水的文物

之前，中国的海外贸易中出现了一种新颖的国际
商业合作及贸易形式——来样加工。

　　那是为谁加工的呢？"南海Ⅰ"号驶向何方？
据测算，它的船头朝向西南，通过这个朝向大概可判断
当时"南海Ⅰ"号将赴新加坡、印度等东南亚地区或中东地区进行海外贸易。试发掘时，发
现船体的左船舷破损，船体中也留下大量的木碎片、瓷器碎片，考古人员怀疑"南海Ⅰ"号
可能在沉没或者是打捞时，已经遭到了破坏，也或者是"南海Ⅰ"号因为遭受剧烈碰撞后，
导致翻船，沉入海底千年。

　　这艘船是不可多得的文化载体，隐含着大量重要的历史文化信息。在南宋，朝廷重视海
上贸易，也如近代的荷兰一样，是"海上马车夫"。朝廷鼓励富豪建造海船，到海外经商，
与西亚、东南亚国家互通有无。不仅如此，为了引导商船与官船，还在海岸线上每隔15000米
建立一个造价高昂的灯塔导航系统。更为传奇的是，宋高宗曾亲自寻求商人协助组建了一支
舰队，这支舰队实力雄厚，足以向波斯与阿拉伯商人在印度洋上长期掌握的商业霸权发起挑
战。"海上丝绸之路"日益繁盛，也正是这时，海上贸易在历史上第一次取代了"陆上丝绸
之路"的统治地位。在法国思想家伏尔泰眼里，英国的崛起无非三个原因：一是重商；二是
将查理一世送上断头台；三是国会通过了《航海法令》。从历史发展大势来看，封建社会中

后期以来，陆权时代逐渐没落，海权时代逐渐兴起。风起云涌的近代史，浩浩荡荡，曾以事实宣告——强于世界者必盛于海洋，衰于世界者必败于海洋。

中国历史博物馆前馆长俞伟超认为："这是国内发现的第一个完整的沉船遗址，它意味了一个开始。"考古学家是这样解读的："南海Ⅰ"号的发现和打捞，其意义不仅仅在于找到了一船珍贵文物，它身上所蕴藏的超乎想象的信息和非同寻常的学术价值才最为重要。处在"海上丝绸之路"航道上的"南海Ⅰ"号，和"华光礁1"号一样，是这条海上贸易道路上的两颗明珠，它们都见证了中国与周边国家、民族友好往来以及经济文化交流的历史。而与"华光礁1"号遗址相比，"南海Ⅰ"号藏品的数量和种类都更为丰富和可贵，为历史的研究提供了最可信的标本，我们可以依凭对这些水下文物资源的勘探和发掘，来复原和填补与古代中国"海上丝绸之路"密切相关的一段历史空白，而这也很可能带来"海上丝绸之路学"的重新兴起。

付出与收获怎样衡量？曾经有人对整体打捞保存费用达3亿元的"南海Ⅰ"号提出质疑——这样值得吗？对国家来说，它的考古价值是第一位的，这艘沉船身上承载的不仅是众多文物，更重要的是它拥有属于民族和世界的记忆，这份记忆何其珍贵，在金钱面前，它重若泰山。

"南海Ⅰ"号是时间和海洋送给我们的礼物，这份礼物需要我们用珍藏的眼睛去读它，读懂它的过往、现在，还有未来。

一梦二十年——"南海Ⅰ"号考古时间线

1987年在广东阳江以南海域发现。

2001年4月，中国历史博物馆水下考古研究中心联合广东省文物考古研究所等单位的水下考古专业队员共12人，搜寻和定位沉船遗址。

2002年3~5月，水下考古队再度下水，对海底沉船进行细发掘、细打捞，打捞出文物4000多件。随后确定采用"整体打捞"的方案，将沉船、文物与其周围海水、泥沙，按照原状一次性吊浮起运，然后迁移到广东海上丝绸之路博物馆的"水晶宫"。

2007年12月21日，"南海Ⅰ"号古沉船起吊，起吊设备是我国自行设计和建造的亚洲最大打捞起重船——"华龙"号大型打捞起重工程船。12月22日上午10时，在现场举行"南海Ⅰ"号出水仪式。

2008年水晶宫开馆迎四方游客。

"泰星"号

1822年1月，清朝道光二年间，长约50米、宽约10米、载重1000多吨的"泰星"号三桅远洋巨型帆船从厦门扬帆起航，驶往东南亚。2000多人在船上各顾各的心事，商人、学生，还有大批外出谋生的中国劳工（约1600人，主要是甘蔗园工作的劳工），他们当中有很多人拖家带口，从六岁的孩子到年过七旬的老人都有，由于乘客太多，所以大多数人只能待在甲板上。船长游涛蔻有些焦急，虽然经验丰富，但是在这条航线上海盗频频出没，加上这艘船载物繁多，如居住在印尼的中国、日本、英国、瑞典和法国富商订购的100多万件压舱器具，包括茶具、托盘、水杯、化妆盒、水瓶、汤匙、油灯，此外还有生丝、漆器、竹制家具、墨、纸、朱砂、玳瑁甲和珍珠贝、香料、檀木、乳香、安息香和器械等。要是被劫，可是一笔不小的损失，他想快些到爪哇。看着浪涛汹涌的南海，他下令改变航向，抄近路驶上了一条通往菲律宾的新航线。

"泰星"号出水的文物

如果船长知道这个决定的后果，那么他一定会后悔改航向。2月5日晚，当船行驶到中沙群岛"贝尔威得浅滩"时，船体不慎触礁，船身进水，不到一个小时就沉没了。另一艘和"泰星"号一起离港的小型帆船"万康"号收到求救信号后，马上去触礁点营救，但是帆船太小，无以负荷太多重量，仅仅有18名乘客死里逃生，登上营救船。

厦门滨海风光（局部）

东方的"泰坦尼克"号悲剧在南海上演，遇难者甚至比"泰坦尼克"号还要多200人。

这艘清代沉船满载百万件压舱货物，沉没于深蓝之中。它是寻宝人的梦中宝地，那里有他们的财富梦想，这梦想因为贪婪而变得邪恶。

"泰星"号竟是被盗宝专业户迈克·哈彻发现的，这个人的名字也成为让中国水下考古心痛的一笔。"我在孤儿院中长大，如饥似渴地阅读寻宝发财的书，希望有一天能像书中的主人公那样找到大笔宝藏，让自己和孤儿院里的好伙伴过上好日子。回头想来，这些书成为我后来寻宝的心理指南，它们影响了我的一生。"对宝藏的痴迷让迈克·哈彻几近疯狂。当他遇上载有2.2万件中国明代瓷器的南海沉船时，他知道自己的"好运"到了，把瓷器卖给收藏家后，他轻松赚得了"第一桶宝藏金"——数百万美元。后来，他接连打捞出第二次世界大战时期军舰和古代沉船共80多艘，竟成了同行眼中"最出色的海洋探险家"、"当代最成功的寻宝人"。

迈克·哈彻的盗宝团队

迈克·哈彻开出高价，引诱同他一样做着"捞宝梦"的人替自己卖命：考古专业的高材生、技术纯熟的潜水员、海难事故的研究者、东方海域的知情人；此外，他还携带着小型武器。

1999年，一本书让他又发现了找寻宝藏的钥匙。在荷兰人詹姆斯·哈斯伯格所写的《东印度航行指南》上，他找到了被遗忘的"泰星"号沉船。他立即组队出动，南海从此多了几艘幽灵般的"不速之客"，他们日夜打捞，想要发现关于宝藏的零星线索。5月12日，"泰星"号沉船被发现，方圆有400多平方米的地方堆满了瓷器！在水深30多米的海底，它们像小山一样，经鉴定，这百万件瓷器几乎全部出自闽南的窑口，80%来自德化。

迈克·哈彻

如果迈克·哈彻小心翼翼地将水下文物打捞上来，让它们回到该回的地方，即使有品位的收藏家愿意出高价买下它们那都是合情合理的，但是令人无法容忍的是——迈克·哈彻只留下了30多万件上等瓷器，把另外60多万件品相一般的瓷器砸得粉碎，推入海中，至于"泰星"号的船体残骸和众多遇难者的遗骨，更是被哈彻的打捞队员丢得到处都是。深谙财富规则的他知道物以稀为贵，在欧洲拍卖行，这30多万件本属于中国的瓷器被高价拍卖。2000年11月17~25日，德国斯图加特中心火车站展览馆陷入疯狂，欧、美、日以及中东阿拉伯商人蜂拥而至。疯狂抢购由德国内戈尔拍卖行正在拍卖的从南海打捞的中国"蓝色幽灵"成为他们唯一的目的。德化县政府只能以有限的一点资金，通过侨居德国的福建德化籍华侨郑德力博士在拍卖会的最后一天买回了其中的72件普通瓷器，现在这些瓷器就珍藏在德化陶瓷博物馆内。

对于遗存于我国领海内以及依照我国法律由我国管辖的其他海域内的文物，无论其起源于我国或起源于外国，均属我国所有；对于遗存于我国领海以外的其他海域以及公海区域内的起源于我国的文物，我国享有辨认器物物主的权利。1994年生效的《联合国海洋法公约》也曾规定，迈克·哈彻这样的情况需要与文物来源国中国共同协商文物的处理办

◈ 出水的文物

法，但是抗议并没有效果，拍卖所得的千百万美元被迈克·哈彻收入囊中。这些中国清代德化青白瓷和牙白瓷有极为珍贵的考古价值、经济价值和学术价值，这些瓷器大多是18世纪和19世纪初德化生产的用于出口亚洲市场的，有些则可以上溯到15世纪。如果不是遗骸被毁，我们还可以掌握清代造船技术的一手资料。从船上发现的水银、六分仪、袖珍手表、火炮、硬币以及其他商品也能最大限度地还原清代商旅的生活情况。这些仅仅是假设，我们没能守住属于自己的文物，也深深地刺激了我国水下考古事业。"泰星"号告诉我们：只有自己强大，拥有自己的打捞队伍、船只和资金，才能不眼睁睁看着自己的"孩子"被无情掠走。在这个意义上，可以说"南海Ⅰ"号以及后来的一系列沉船的全力打捞是盗捞者当头一棒"逼迫"出来的结果。

盗宝者如"群蚁蚀象"，水下文物的盗掘破坏活动非但没有停止，还比比皆是。哪里有利，他们就往哪里追，"泰星"号便是最好的例子。为避免悲剧再次发生，需要文物管理部门、海警等力量齐抓共管。

在加强边防的同时，我们永远要比他们早一步，去守护南海那些珍贵的水下文物。

"印第安纳"号货轮的航海日志

两天后，"印第安纳"号货轮途径"泰星"号遇难海域，当年的航海日志详细地描述了当时的情景："船员们突然看到海上有'石头'向船这边漂来，驶近后才发现，那不是'石头'，而是沉船的漂浮物——船板、木头、桌子、椅子……绵延好几千米。更惊人的是，每块漂浮物上密密麻麻地趴着许多背着雨伞的东方人，大一点的木板上居然有4~6个东方人。船长珀尔毫不犹豫地让船员立即放下救生艇，尽可能多地救出浮在水面上的东方人。这些人被救上船的时候，除了背的雨伞外，全身赤裸。更麻烦的是，我们简直没法跟他们沟通，直到一个名叫巴巴蔡的获救者表示会说马来语之后，我们才知道事情的来龙去脉。巴巴蔡是家住巴达维亚中国富有商人的儿子，他被送回国学习祖国文化，这次随船回巴达维亚，没想到遇此船难。巴巴蔡告诉我们，沉没的船上总计有2000多人，现在看来大多已经遇难……"

"印第安纳"号船长珀尔后来获得荷兰王室的英雄勋章。

"南澳Ⅰ"号

南中国海，沉船累累，从珠江口到海南岛一线弧面，2000多艘古船幽幽沉寂。而偏居东南一隅的广东汕头南澳岛海域，130多平方千米的范围内就有200多艘沉船。2007年"南澳Ⅰ"号的发现为这片神秘的海域揭开了一角，折射出明代商旅的海上之光。

和"华光礁Ⅰ"号的发现一样，又是一张渔网，钩沉起一段历史。渔民潜入南澳岛东南三点金海域的乌屿和半潮礁之间进行海底作业时无意中发现了这艘沉船。沉船被发现之后，百年文物的财富味道就把"盗宝"人员吸引来了，2007年5月25日、26日，南澳县云澳边防派出所根据线报，两次抓获非法打捞水下文物嫌疑人10名，查扣文物138件，其中10件是国家三级文物。10名水下考古人员奉命，组成南澳沉船水下考古队，被委派到水深27米的沉船点，进行详细的调查、勘探，直到2010年，才完成了相对完整的的文物出水、保护等工作，并以发现地为它取名为"南澳Ⅰ"号。初步判断古船长35米，宽8米。古船的上层结构已不存在，但隔舱和船舷保存状况较好。由于船体表面覆盖有泥沙和大块凝结物，船体和文物受腐蚀和人为因素破坏较小，初步判断除船体中部的两三个舱体外，沉船其他部分及舱内船货保存较好。

沉船入水的这片海域为何古船云集？这要从头说起。汕头南澳岛地处闽、粤、台三省海面交叉点，辽阔的海域是东亚古航线的重要通道，海上交通十分方便，向北航行可到日本、朝鲜各国，向东可抵菲律宾群岛，向南经过南海，直达爪哇、印度尼西亚等南洋各国。优越的地理位置和交通条件，使南澳岛海域不仅成为国人南船北上或北船南下必经的中转站，更为外国船舶来华于粤海入闽海，或闽海入粤海的门户，"为诸夷贡道所必经"，是当时"海上丝绸之路"，即"陶瓷之路"的重要通道之一，也是国际贸易货物的转运、集散中继站与必经之路。历史上就有"郑和七下西洋，五经南澳"的记载，享有"海上互市之地"的美誉。而"三点

↑ "南澳Ⅰ"号
出水的文物

金"（即南澳岛乌屿与半潮礁之间海域）这片古航道，水流湍急，风险隐藏，礁头较多，名列南澳四大澳之一的深澳，就以水浚深而得名，古书记载它"内宽外险，蜡屿、赤屿环处其外，一门通舟，中容千艘，番舶寇舟多泊焉"。"南澳Ⅰ"号在"三点金"遇难很可能与触礁有关，正因为附近的暗礁繁多，许多船只过而不停，所以它才能沉睡数百年而未被惊扰，"腹中"文物被海洋安然收藏。

上万件文物如出水芙蓉，包括各种瓷器、钱币、铜制品和植物果实。青花瓷大盘、碗、钵、杯、罐、瓶、釉陶罐、铁锅、铜钱、铜板、盖盅以及锡壶等一一亮相。在出水瓷器的纹饰中有侍女、花草、麒麟等图案以及汉字。"米芾拜石"、"岁寒三友"、"哪吒闹海"、"十八学士登瀛洲"、"木"字、"凤"字等瓷器图案透着浓浓的中国文化气息，让人不禁

南澳岛风光（局部）

猜想这艘船上货物的销往地是受汉文化影响很大的区域，而据出水的两个佛教用品的喇叭口细颈葫芦身瓶子推断，这有可能是驶往东南亚的商船，因为东南亚国家多信佛。这些瓷器中，最早有北宋的，最晚是明末的，涵盖了宋、元、明三个朝代。其中，宋代的酱色釉茶盏、明万历青花仕女大盘、青花"义"字大盘等最为显眼，最为珍贵。出水青花瓷主要来源于粤东本地民窑，如福建平和窑，生产克拉克瓷器；少数来自景德镇观音阁瓷窑，观音阁瓷窑是景德镇最著名的民窑之一，它的产品几乎可与官窑媲美，用于外销。

这艘沉船的出水文物中还有"两奇"：一奇是在船上发现了铜材，而据历史记载，明代万历年间官府是严禁民间将铜材销往海外的，所以，这艘船有走私船的嫌疑；一奇是发现了一枚疑似曾经镶嵌着宝石的戒指，从造型到环状的粗细都表明，为女性所佩戴的可能性较高。难道这船上有女人？而古代航海，除了客船之外，运兵运货的船只，一般情况下，是不许女性上船的，有说法是"有女同行，航行不利"。当时这艘船上真有女子吗？——这一谜题仍未解开。

紧随瓷器和沉船，我们能牵连出一段关于港口的历史。出水文物的主角是瓷器，并多为"素胚勾勒出青花笔锋浓转淡"的青花瓷，它们绝大多数产自明嘉靖至万历年间。这艘船也被专家鉴定为一艘明代万历年间的商船，从福建漳州的月港出发，向外运送瓷器时不幸失事沉没。为什么是漳州月港，而不是当时赫赫有名的泉州港或者广州港？是明朝的"海禁"政策让这种可能性沉落海底。明代的海禁时开时禁，断断续续，但总体来说禁海的时间长。宋元时，月港还只是一块蛮夷之地，而相距不远的泉州港早已世界闻名。"一水堑环绕如偃月"的月港虽然也有海上贸易，但是远不如泉州港。明朝"海禁"后，漳泉人无

青花瓷是克拉克瓷吗?

克拉克瓷器是一种外销瓷器，主要是青花瓷。据了解，之所以名为"克拉克瓷"，是因为万历年间，葡萄牙克拉克港的两艘商船被荷兰的东印度公司截获，船上的中国瓷器被运往荷兰拍卖，受到众人追捧，法王亨利四世、英王詹姆斯一世也争相购买，在欧洲引起轰动，东印度公司轻易赚到300多万荷兰盾。由于这批中国的瓷器是从葡萄牙克拉克号商船上得到的，产地不明，在荷兰又是首次亮相，所以称其为"克拉克瓷"。此后，凡有着"克拉克瓷"标签的瓷器，在海外拍卖市场上都有特别好的行情。

🔼 出水的青花瓷

🔺 展览中的出水文物

以为生，只好铤而走险，将月港变成一个走私港口。由于"官司隔远，威令不到"，山高皇帝远的月港成了当时海禁政策的一个盲点。于是，各地商船纷纷改泊月港。后明代宗景泰四年，月港海外贸易开始兴起。从明宪宗成化十年，到明神宗万历年间150多年的时间，月港逐渐走向全盛阶段。"海上丝绸之路"让这个小港口成长为国际贸易中转站，一时间百舸云集，货通世界。

正是一个又一个沉船遗址的发现，让"海上丝绸之路"越来越立体，越来越丰富。"南澳Ⅰ"号是考察明代造船能力、航海能力的一个活标本，这个历史时期的古沉船发现的并不多，有科学测量数据的完整古代沉船更少。除此之外，"南澳Ⅰ"号对研究中国古代海上贸易和广东陶瓷文化也具有十分重要的意义。"南澳Ⅰ"号船体出水后，有助于研究明代晚期海船的发展脉络，找到探寻明代早期郑和船队所乘船只秘密的一扇门。

"南澳Ⅰ"号这样的水下文化遗产就像一面神奇的镜子，透过它，我们能穿越时空，发现中国"大陆文明"之外的中国海洋文明历史，它们沉寂千百年，在"海洋世纪"终于重新苏醒。

"哥德堡"号

1741年，瑞典的"哥德堡"号带着对财富的梦想第三次远航中国。途中，它们躲过了英国军舰的堵截和无数次风暴的袭击，又被荷兰军舰扣押到雅加达半年多，终于在1744年到达我国广州，4个月后，"哥德堡"号就满载2399捆瓷器、2677箱茶叶、19箱丝绸等志得意满地从广州港扬帆回瑞典。

1745年9月12日这天，人们一大早就等候在海岸边上，遥望"哥德堡"号的身影，欢迎亲人和航海英雄的凯旋。熟悉航道情况的领航员也已登上了"哥德堡"号，确保船只安全进港。许多小型船只开出港口，伴随在它的左右，一切都很顺利。

然而，还差900米就要靠岸的时候，让所有人没有料想到的一幕在人们眼前发生了——在港口的入口处，"哥德堡"号莫名其妙地偏离了航线，驶进了著名的"汉尼巴丹"礁石区。刹那间，海水涌入船舱，"哥德堡"号在倾斜中慢慢下沉。附近的船只迅速赶来救援，但是一切已成定局。人们眼睁睁地看着，它像后来的"泰坦尼克"号一样，带着庞大的身躯和满载的中国财富沉入海底。

虽然所有的船员被救起，但是领航员对触礁沉船的细节守口如瓶，船上的账本也被烧掉了，其中究竟隐藏着什么，在很长时间里都是一个谜团。

瑞典人奥尔森对此感到十分好奇，经过多年搜集证据，他向世界说出了"哥德堡"号的沉没之谜。

⬆ "哥德堡"号沉船模型

"哥德堡"号的驾驶舱在船的第二层，舵手需要底层甲板上的人为他指示前进方向。但是，当甲板上的人看见远处欢迎的人群时，兴奋不已，于是提前开始了狂欢。悲剧就这样发生了，甲板上的人忘记提醒舵手注意方向，船就笔直地向暗礁撞去。

在家门口发生沉船事故的好处是船员们全部脱险，船上的货物也能快速打捞，丝绸等被晾干后马上拍卖售出，船上上万斤茶叶却永远地留在了海底，后人就此写道：汉尼巴丹海域，从此变成了世界上最大的一只茶碗！

1906～1907年，海洋探险家杰姆士·凯勒和卡尔·里昂，再次对"哥德堡"号进行了打捞，共获得3000只完整无损的中国瓷器。但是至此以后，人们似乎对"哥德堡"号失去了兴趣，直到1984年，一次民间考古活动发现了沉睡海底的"哥德堡"号残骸，人们又重新将目光锁定在这艘船上。"哥德堡"号的考古发掘工作于1986年全面展开。6年间，共发掘出500多件完整的瓷器和8吨重的瓷器碎片，这些瓷器大部分是具有中国传统的图案花纹，少量绘有欧洲特色图案，可以推断这是当年

↑ "哥德堡"号沉船上的文物

"哥德堡"号为特定客户在中国专门订购的"订烧瓷"。发掘出来的瓷器越多，瑞典人对中国的兴趣就更加一分，有瑞典人提出了一个大胆的设想：复制古船，重走中国。

2003年6月，经过十年的精心打造，使用18世纪工艺制造的"哥德堡"号新船顺利下水。2005年10月2日清早，天空蔚蓝如洗，新"哥德堡"号正式远航中国。10多万市民倾城出动，500多艘船跟随欢送，场面极其壮观。2006年7月18日，新"哥德堡"号终于故地重游，到达广州外港，正在对中国进行国事访问的瑞典国王及王后也出席了隆重的庆典仪式。2007年9月，新"哥德堡"号回到瑞典，250年之前未完成的旅程，终于画上一个圆满的句号。

这使得"哥德堡"号无关商业利益，成为一艘和平之船，跨越文化的差异，因为250多年之前的"海上丝绸之路"的历史缘分，而今重新实现远航的梦想。瑞典建造"哥德堡"号仿古船的初衷，是为了向人们再现中瑞友好交往的历史。"哥德堡"号航行到今天，的确履行了自己神圣的使命，两国友好合作的前景美好，"哥德堡"号的前程无限。

↓ 新"哥德堡"号

水下遗址

　　陆上古迹让人流连历史的美丽和深邃，你可知道海洋中也"别有洞天"。南海不光无处无沉船，它还拥有珍贵的水下遗址：北礁的几十处古代水下遗存、琼北大地震形成的海底72村庄、甘泉岛唐宋居住遗址。静水长天，历史的血液就流淌在这一个个水下遗址之中。

北礁水下遗物点

　　船行海洋，不畏海深而畏浅，不虑风而虑礁。在南海诸岛的最北部，有一座椭圆形水下环礁，那里珊瑚丛生，浪急礁多；礁块犬牙交错，沟谷纵横，地势险恶。这"古代海上丝绸之路"南海航道的必经之地是无数船只的"鬼门关"，只有浩瀚无垠的南海水愿意缄默地守护着一个又一个脆弱珍贵的秘密。这危险丛生的南海航道要冲就是北礁。

　　这条珍瓷古路上，沉船无数，藏金不菲，密度惊人，一个大约足球场的范围内，就有8处文物遗存被发现，其中3处还有沉船残骸。北礁是沉迹胜地，考古队员在这里先后发现古代水下遗物不下20处，是历年调查发现沉船遗址最多的区域，仅1998年、1999年调查就发现7处文物遗存（2处沉船遗址、5个遗物点）。2010年4月，北礁水下遗物点中国国家博物馆水下考古研究中心与海南省文物局等单位组成西沙群岛水下考古队，再一次对西沙群岛海域永乐群岛诸岛礁进行水下文物普查时，新发现近20处遗址，包括3处沉船遗址和15处水下遗物点，出水文物的年代包括南朝、宋元、明清等不同时期，"北礁1"号沉船遗址、"北礁3"号沉船遗址、"北礁1"号遗物点、"北礁2"号遗物点、"北礁3"号遗物点、"北礁4"号遗物点、"北礁5"号遗物点、"北礁19"号水下遗存等相继被发现并命名，可谓沉船累累，古物重重。

　　有些历史的记忆嵌在了瓷器的脆薄里。

　　1997年，琼海市潭门港0337号渔船在西沙群岛北礁作业时，在礁盘上打捞出一批古代遗物，有宋代青白釉瓷器、元代青釉瓷器和明清青花瓷器；铜钱以明代洪武、永乐通宝居多，另有唐、宋、元时期的钱币；以及龙纹盘、器座、锁、弓簧等铜器和陶器、石器等。

　　1998年4~5月，琼海市潭门镇边防派出所查缴了一批在西沙群岛北礁一带非法打捞的水下文物，共153件，有宋代青白瓷、元代龙泉窑青瓷、明代青花瓷等。同年8月，琼海市潭门

🔴 水下发掘

镇渔民在西沙群岛北礁作业时，打捞出1000余件遗物。主要有宋元时期的壶、盘、洗、碗、碟、罐、盒、瓶等青瓷、白瓷和青白瓷瓷器；明清时期绘有人物故事、团龙、凤、鸟、花卉、水草、山石等图案以及题记、年款的盘、罐、碗、碟等青花瓷器。这批陶瓷器的产地为中国广东、福建、浙江、江西等窑场。

1998年12月至1999年1月，中国历史博物馆水下考古学研究室会同海南省文物保护管理办公室、广东省文物考古研究所等单位组成了"西沙水下考古队"，对西沙群岛水下文物进行了考古调查与试掘。

在"北礁3"号沉船遗址采集的150余件标本中瓷器是主角，除此之外，还有3件花岗岩碇石。瓷器基本上都是青花瓷，器形以碗、盘居多，另有碟、罐、器盖。碗的内外壁多绘青花图案，纹样繁多，有山水、楼台、人物、飞禽、奔马、飞龙、祥云、锦地、火珠、折枝花、缠枝花、八卦火焰等，个别碗底见有"大明万历年制""嘉靖年制""丙戌年造"等年号款，以及"上品佳器""万福攸同""玉堂佳器"等吉祥语。

"北礁1"号沉船遗址共发现标本50余件，大都是瓷器。青花瓷、青白瓷和青瓷三分天下。青花瓷的器形只有盘和碗两种，盘心青花图案有双圈弦纹、龟形、星形、圆形及文字押章，外腹绘鱼纹、折枝菊花纹等；盘为白胎或灰白胎，釉色青灰，青花呈色为青灰、青褐、青黑等，纹样为印花；碗胎与盘同，碗心有方形"成珍"、"合珍"青花押章，腹外多绘篆体"寿"字纹。这批青花瓷与福建德化、安溪等地清代窑址产品相同，有的和清朝"泰兴"号沉船的出水瓷器有些相仿。青白瓷的器形有碗、小杯、执壶等，青瓷的器形有大盘、小罐等。"北礁1"号沉船遗址发现的青白瓷和青瓷类瓷器的胎色、花纹图案等均与"华光礁1"号沉船遗址所出同类器相类似。

"北礁1"号遗物点出有宋代产自福建泉州地区德化窑、南安窑的青瓷碗、盘，青白瓷小罐和龙泉窑粉青器，以及宋元时期产自福建晋江磁灶窑的酱釉罐等；"北礁2"号遗物点和"石屿1"号遗物点出有与"华光礁1"号沉船遗址相同的宋元时期的青白瓷碗、盘、盒、壶、杯、罐、小口瓶等。"银屿2"号遗物点出有明代龙泉窑青瓷盘。在"北礁1"号遗物点和"北礁3"号遗物点都出有明末清初福建漳州窑青花瓷碗、盘；"北礁2"号遗物点和"石屿1"号遗物点出有清代福建德化、安溪窑青花瓷碗、盘；"银屿3"号遗物点出有清代中晚期青花碗、盘、盏、汤匙。

铜钱，是北礁水下遗物点中最有特色的发现——唐、宋和明代铜钱成千上万的出现让人惊喜万分。20世纪70年代，对北礁秘密的探索就开始了，渔民最先在东北面礁盘上发现明代的铜钱。

"北礁19"号水下遗存是一处明代早期水下文化遗址，曾在这个遗址发现过大量铜钱。

▲ "北礁1"号遗物点出水的文物

▲ "北礁1"号遗物点出水的瓷器

中国陶瓷在世界上的地位

世界陶瓷业的发展可分为两大源流、三大体系。两大源流：中国与西亚。三大体系：东亚；西亚、北非、欧洲；美洲。

中国的陶瓷并不是最古老的，但它所取得的辉煌成就和它对世界产生的影响，却是举世无双的。在美洲，直到中世纪晚期还使用着粗笨的陶器。在东亚的日本与朝鲜，陶瓷业的产生和发展直接源于中国；在西亚，8世纪中国陶瓷器的输入，对当地的伊斯兰陶瓷产生了巨大的影响。

1975年3~4月，广东省博物馆和海南行政区文化局在西沙群岛作了第二次调查发掘，北礁明初郑和船队沉船的历代铜钱"水落石出"，经过1961年、1971年、1974年三次打捞，共获得500多千克的历代铜钱和铜锭、铜镜、铜剑鞘、铅块等。铸铭可识者有新莽大泉五十、东汉五铢、西魏五铢、唐开元通宝、乾元重宝、南唐唐国通宝、后周周元通宝、北宋宋元通宝、太平通宝、咸平元宝、天圣元宝、治平元宝、熙宁元宝、元祐通宝、圣宋元宝、南宋建炎通宝、隆兴元宝、绍熙元宝、庆元通宝、大宋元宝、咸淳元宝、辽大安元宝、金正隆元宝、元至元通宝、龙凤通宝、天启通宝、大义通宝、明洪武通宝、永乐通宝等。在这批铜钱中，以年代最晚的全新"永乐通宝"为主。一些元末明初铜钱的铸地和流行地区主要在长江流域，可以推测，这艘船应该是自江苏出发的郑和船队中的一艘。2007年、2010年的水下考古调查，又采集了出水铜钱1030枚，有开元通宝、皇宋通宝、熙宁元宝、元丰通宝、绍圣元宝、洪武通宝、永乐通宝等，计有25种。因铜钱还是以明代永乐通宝年代最晚，且数量最多，可初步断定该遗存属明代永乐时期。

整个北礁的历代铜钱数量惊人，可以读出钱文的足有14万枚之多。其中，明太祖朱元璋的"洪武通宝"有2万多枚，明成祖朱棣的"永乐通宝"有7万多枚，其余5万多枚上至秦、新莽、东汉、西魏，中至唐、前蜀、南唐、后周，下至北宋、南宋、辽、金以及元末农民起义时期等。从钱币的币值、书体、背面文字等来区分，多达300种以上。明朝时期，其他国家需要同中国进行贸易交往，一般来说，国家与国家之间的贸易往来，经济实力较弱的国家的货币很难被他国接受，只有强国的货币才能被通用。就中国与"海上丝绸之路"沿线诸国而言，中国富强而诸番国贫弱，类似于今天的发达国家和不发达国家的关系，所以需要大量的中国铜钱，为了保证这些国家对中国铜钱的需求，所以船只装载了数以千万计的钱币，在陶瓷等货物输出的同时，还进行铜钱输出。在世界贸易史上，中国"海上丝绸之路"曾经写下了极其重要、灿烂的篇章，中国货币也曾在该篇章中熊熊如炬。

海底村庄遗址

一声巨响，天崩地裂，大地"初如奔车之辗，继如风挪之颠，腾腾掣掣……寝者魂惊，醒者魂散……"72座村庄、千顷田野下沉入海，记忆封存。

1605年的这次琼北大地震，成就了100多平方千米的"海中庞贝"，海口市琼山区东寨港至文昌市铺前镇一带的海湾海底从此有了一处中国迄今发现的历史上唯一的一个陆陷成海的海底村庄遗址。

没有这次地震，就没有这处珍贵的海底村庄。这次大地震震级7.5级，与唐山大地震差不多，震中烈度为10度，震源深度15千米；与唐山地震最大的不同是，这里整个沉陷体块垂直下降，总沉陷深度为3~4米，最大沉陷深度超过13米，形成了独特的海底村庄景观。由于这次地震的震中在北纬19°59′，东经110°28′，11度巨灾区为琼山、文昌、澄迈、临高四县，在历史上称为"琼北大地

⬆ 海底村庄遗址

海底村庄遗址海域

● 海底村庄遗址

震"。在地震之后，原先陆上的一条小河沟，瞬间变成今日的东寨港；地震之前，演丰镇和铺前镇陆路相连，中间只隔着一个河道，如今陆陷成海，两地的居民只能隔海相望。

如果你想一睹"海底村庄"的风采，就要去海南省海口市琼山区演丰镇一趟了。"林市村"的水井石碑、"北创港"的贞节牌坊、"绝尾沟"的水井棺墓、"浮水墩"的石井戏台、"西排湾"的石柱石臼、"西排港"的石棺砖墓、"石见前"的石料器皿、"玉门沟"的石桥河道被海水和泥沙半掩半埋，默默守护村庄。大海退潮时，乘小船绕过神秘的"浮水墩"（"浮水墩"近似圆形，岗顶平缓，遗址就分布在"浮水墩"的周围，在露出的滩涂上还能见到一些碗、碟、罐、盆等碎瓷片），向铺前湾内的北创港方向驶去，就能见到东西长10多千米，宽1千米的浅海地带，这里有平坦的古耕地，阡陌交通，小路纵横。再往前走，在东寨港至铺前湾一带的海滩上古村庄废墟遗址隐约可见。通过清澈的海水往里看去，玄武岩的石板棺材、墓碑、古石水井和舂米石臼等排列有序，安稳整齐。一座以方石块砌好保存完整的古戏台在离东寨港不远的海滩上伫立。再沿着东寨港北上，到铺前湾海岸以北4千米左右约10米的深水下，就会发现古代"仁村"沉陷

海底村庄的形式

"万历三十三年五月二十八日亥时（公元1605年7月13日午夜）地大震，自东北起，声如雷，初如奔车之辗，继如风挪之颠，公署民房崩倒殆尽，郡城中压死者几千。""海沙崩裂，高岸成谷，深谷为陵"，"南五图有村平地忽陷成海"，"苍茂圩岸田沉，地裂涌沙水，南湖水深三尺，田地陷没者计不可胜记，调塘等都田沉成海者计若干顷。县东新溪一带沉陷数十村。"

——载于《琼州府志》、《琼山县志》和《文昌县志》

的遗址。到了铺前湾与北创港之间的海底，就会和一座雕工精细、四柱三孔的"贞节牌坊"相遇了，尺鱼寸虾，上下穿梭，古牌坊也不孤寂，活像神话里的"海底龙宫"的宫门口。不远处还有一条"绝尾沟"和一座古石桥。"绝尾沟"横贯于东寨港海底，是地震留下的裂沟，深10多米，宽20多米；古石桥在沟东的河道上，横跨河道两旁。

这份位于海口，集自然、历史、人文内涵于一体的古地震遗址，具有重要的科研价值、考古价值和旅游价值。从遗迹中，我们可以还原一个原本宁静的村庄群落模样。耕地、树林、竹丛摇曳海底，官署、民房、石桥、祠庙残垣散布，墓葬遗迹也数不胜数，如宋代的砖室墓、石棺墓、石板墓和明代的砖室墓等。"海底村庄"现场遗物以明代的居多，其他遗址中则以宋代的遗物居多，明代次之，元代最少，其中有不少宋代的墓葬。陶瓷器皿大多已成碎片，罐、碗、盆、碟、瓶、壶、盒、缸、釜、灯、香炉等依稀可辨，从釉色、型制来看，属福建、广东潮州、海南等民窑烧制，为我们了解明代海南琼北村落分布以及社会历史情况提供了极为珍贵的实物样本，同时它鲜明的地质特点也为开展地质研究、地震基础研究等提供了线索。

云生雨，土生田，时光生流年。我们拼命想要留住的，正在失去。原先在"海底村庄"中发现的石磨、石床等遗物正在流失，也许我们应该学习意大利政府对庞贝古城的保护措施，对"海底村庄"的发掘和保护状况进行全面评估，建立起完整的数据库，并以此制订出遗址保护总体规划。技术队伍由考古、建筑工程等专业人员组成，让挖掘与遗产保护做到最完美的结合。

海口沿海风光（局部）

甘泉岛唐宋居住遗址

南海诸岛，如点点星光，在湛蓝的"海空"中熠熠闪亮。有一个面积仅为0.3平方千米的甘泉岛，位于南海西沙群岛永乐环礁上，是目前我国最南端的省级文物保护遗址。这个岛，因为存留有唐宋先民的居住记忆而格外耀眼。

1974年3月，甘泉岛的西北部，7件唐宋瓷片被驻岛官兵挖出。考古队员们在此基础上继续开探，又发掘出土37件瓷片。其中有宋代青釉四系罐的口沿、青白瓷粉盒、划花平底碗，同时发现了一片铁锅的口沿。这些古物是哪个朝代的？是某个沉船的遗物吗？还可以发现更多吗？问题一个接一个。

　　带着这些问题，1975年，广东省博物馆和海南行政区文化局在西沙群岛进行了第二次调查发掘。

　　在甘泉岛的两次发掘，共发现两个时期的考古遗存：一个是以青釉四系罐为代表的遗存，与广东韶关张九龄墓出土的同类器相同，属于唐代遗存；一个是以青白釉小口瓶、点彩瓶、点彩罐、四系小罐、碗、碟、粉盒等为代表的遗存，与广州皇帝岗窑址、潮安笔架山窑址等广东沿海地区窑址出土的同类器相同，属于宋代遗存。这些器物处在遗址的地层堆积中，并伴有铁锅残片。这些瓷片没有被海水冲刷的痕迹，这说明，它们既没有遭遇海水浸泡，也没有被粘上珊瑚。那就可以推断，这些瓷器不是被海潮冲上岸的，而是由古代先民直接带上岛的。

　　出土的50多件陶瓷器基本属于生活用品，如双耳罐、卷沿罐，青白釉瓶、四系小罐、青釉碗、划花大碗、莲花纹大碗，突唇碗、粉盒等。另外，还出土了铁刀、铁铲、铁凿等生产工具，搜集到几件唐代铁锅残片、宋代泥质灰褐陶擂体残片和几枚宋、明代铜钱等遗物。发现的盘、碗、瓶、罐等生活器皿大多数质地较为粗糙，应是岛上居民日常生活用品，使用这些器物的主人应是西沙群岛最早的居民，从瓷器出产地判断，他们或许就是广东内地迁去的移民；来自海南岛的可能性也较大，因为据历史文献记载可以知晓，海南岛渔民很早就到西沙群岛进行捕鱼生产和居住生活了。我国人民开发南海诸岛的历史，还可以从"南海天书"《更路簿》中得到有力证明。《更路簿》是我国沿海渔民世代传抄的航海经书，据考证，现存的手抄本《更路簿》产生于清康熙末年，可追溯至明代，而开拓者应生活在唐宋时期。它

⬆ 发掘的文物

⬆ 考古活动

详细地记录了南海诸岛的岛礁名称、准确位置和航行针位（航向）、更数（距离），是最直接、最有力的历史见证。

除了瓷器，还有别的证据说明这个岛曾有中国先民生活过吗？——有。在甘泉岛上发现了很厚的堆积层，最浅处有35厘米，最厚的地方有90厘米，唐宋文物、吃剩的螺壳、鸟骨和大量炭灰叠加在一起，说明大量先民在这个基址上生活过。

在选择居住地时，中国先民表现出建筑师般的选址智慧。甘泉岛地势中间较低平，四周为较高的沙堤，沙堤宽60~70米，最高达到8米。甘泉岛唐宋居住遗址位于甘泉岛的西北端，地处向内倾斜的坡地上，可以减缓季风的侵袭，不用担心从正面吹来的海风。另外，地势较高，不潮湿。如果选择坡顶和外坡，那么强劲的海风会让人不得安宁；如果选择岛中间，日复一日的闷热也会让人吃不消。这里既通风凉爽，又安稳方便，再加上岛上地下蕴藏的淡水，真是中国古代先民精心选择的"无敌海景房"。

代代南海人在甘泉岛上生活，除了生活用品，还有很多古庙遗存。考古专家在岛的西北部发现我国唐宋时期渔民建造的砖墙小庙1座，而用珊瑚石垒砌的小庙则多达13座。

南海诸岛自古以来就是中国的神圣领土，中华先民很早以前就在南海生活。这里保留着的大量中华先民生活居住的遗迹，就是不可辩驳的例证。甘泉岛唐宋居住遗址只是其中之一，南海先民的足迹遍布西沙群岛和南沙群岛，永兴岛、金银岛、珊瑚岛、东岛、北岛等岛礁都相继出土一大批明代和清代的铜钱、瓷器及其他生活用品。在西沙群岛的各主要岛屿上都发现我国渔民所建的古庙遗存，仅赵述岛、北岛、南岛、永兴岛、东岛、琛航岛、广金岛、珊瑚岛、甘泉岛就有古庙14座；在南沙群岛的太平岛、中业岛、南威岛、南钥岛、西月岛等也都发现有古庙遗存，其中，明代建造的庙宇有，清代建造的庙宇也有。同时，

甘泉岛名称的由来

清末（1909年），广东水师提督李准巡海时发现此岛中部低地有两口淡水井，其泉水甘甜可饮用，即称："已得淡水，食之甚甘，掘地不过丈余耳，余尝之，果甚甘美，即以名甘泉岛，勒石竖桅，挂旗为纪念焉。"

🔆 发掘的瓷器

↑ 水下发掘

中国自古以来就对南海拥有主权，在西沙群岛和南沙群岛的一些岛礁上，还挖掘有多块清代和民国时期的石碑。这些石碑多为当时莅岛视察的政府或军队要员所立的纪念碑。

从这些出土文物中，我们可以遥想唐宋当年，大体明晰唐宋时期中国先民劳动生活的情境，这对于研究西沙群岛开发历史有较为重要的价值。有价值理所应当需要被保护，1994年，甘泉岛唐宋居住遗址就被海南省政府确定为第一批省级文物保护单位。1996年，考古人员在西沙文物普查时，特地在遗址旁立"西沙甘泉岛唐宋遗址"石碑，这是我国在南海树立的第一块文物保护碑。2006年，甘泉岛唐宋遗址又被列为全国重点文物保护单位。

所有的古迹，从千百年的风尘中走来，都是为了告诉我们一件事：中国是南海诸岛的真正主人。

南海水下文物的守护者与探索者

"古代东西方的文明交流是写在中国陶瓷上的，当时的中国茶叶被喝了、丝绸也烂了，抹去尘埃，昔日的中国陶瓷依然熠熠生辉。" 国际著名古陶瓷学家三上次男曾这样盛赞中国陶瓷。面对不断发掘出的中国古陶瓷，这样的话更加掷地有声。南海古沉船超过2000艘，说遍布南海可能稍有夸张，但也足以显示出当时"海上丝绸之路"的盛景。

岁月流转，海浪一遍又一遍的冲刷让"海上丝绸之路"有了被湮灭的危险，这使得"海上丝绸之路"的真相至今仍是历史考古学研究的神秘领域。对沉睡在海底的商船文物资源进行勘探和发掘，可以复原和填补与"海上丝绸之路"密切相连的一段历史空白，考古价值非比寻常。

◉ 南海水下遗物

◉ 广东海上丝绸之路博物馆

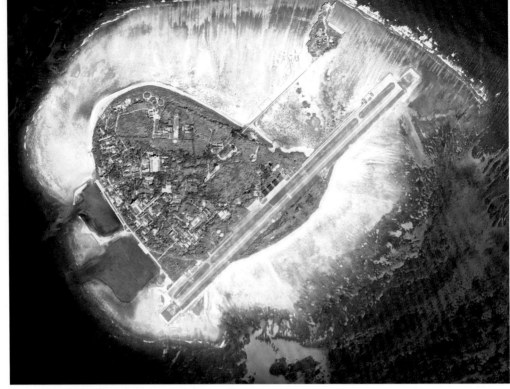

🔹 西沙群岛海域（永兴岛）

最近几年发现的累累沉船正好为这段神秘的历史增添了实物证据。西沙群岛海域是"海上丝绸之路"的必经之地，也是自古以来的险恶之地，比如，西沙群岛的北郊海域是个"死亡之海"，暗礁遍布、台风频繁，所有西沙群岛的记录中，沉船最多的就是这个地方。沉船遗迹一个个被打捞发掘，大量深埋于海底的古代陶瓷也重放异彩，那些精美的纹饰、洁白的瓷胎，无一不散发出和历史杂糅出的深邃魅力。1998年12月、2007年3月和2008年11月，国家和海南省文物部门组织3次西沙群岛海域水下文物发掘科研行动，实施了我国考古界在远海进行的第一次较大规模的、第一次真正意义上的水下考古发掘工作，填补了我国水下考古领域的一个空白。运回万余件文物，证明了南宋时期中国海上丝绸贸易的繁盛。发现文物遗址累计50多处，涵盖了宋、元、明、清多个朝代。这些文物的发掘与保护并非易事，需要守护者和探索者共同的努力。

海南省的水下文物资源

海南省是全国最大的海洋省，一些海域不但美如海底公园，还深藏着大量不为人知的文物宝藏。水下文物是海南省也是我国最具特色的文化遗产资源。据史料记载，海南自古便居"海上丝绸之路"航道之要冲。早在汉代就开始的以丝绸为主的海外贸易，至唐宋时期，随着造船和航海技术的进步，海上贸易出现更多的是陶瓷，有"舶交海中，不知其数"的盛况。

守护者

在外国人眼里，每一块从海底捞上来的中国瓷器碎片，都是宝贝。1983年英国人麦克·哈彻在我国南海发现了300多年前沉没的中国明代帆船，船内满载2.2万件瓷器，在荷兰阿姆斯特丹拍卖时，以250万美元成交，平均每件价值112美元。人是逐利动物，古代丝绸之路的繁荣盛象催生出一批"海盗"，他们从水下历史文化遗产丰富的中国南海海域打捞起文物，一旦放到拍卖行中，往往成为天价，这极大地刺激了一大批对水下文物进行商业打捞的"海盗"，他们"群魔乱舞"，在南海猖獗活动。

如果你是海南的一位渔民，就会发现，有时正捕着鱼，会莫名其妙地发现古船，或者是散落在海底的瓷器。刚开始，你可能和其他渔民一样，并不把它们当回事，甚至还会把捞起的瓷器带回家。如果不是文物贩子出现，你可能会继续如此，但是，当文物贩子跑来高价收购你捞起来的盘、碟等，甚至还会给你一大笔钱让你重回捕鱼的地方捞取古瓷时，情况可能就不一样了。渔民发现这种"生意"远比捕鱼赚钱多，再加上法律意识较为淡薄，某些渔民无意中就干起了盗掘古沉船的营生。

这时，如果没有水下文物的守护者，那么"海盗"们的活动一定会猖狂到无以复加。海南琼海边防支队潭门边防派出所就有"南海宝藏守护神"的美誉，10多年来，先后破获30多起非法盗窃、买卖西沙群岛海域文物的刑事案件，追回2000多件珍贵历史文物，其中国家

西沙群岛海域（死亡之海）

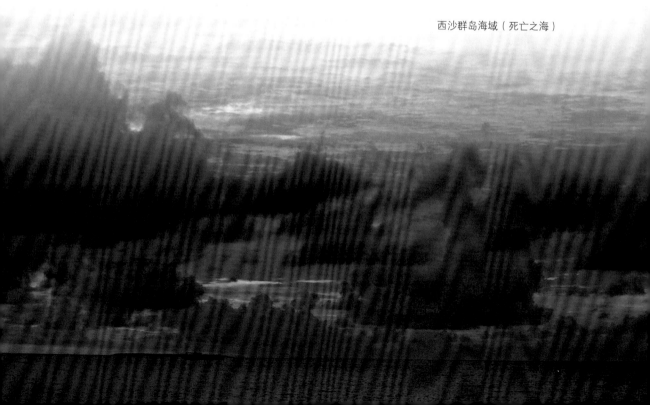

↑ 海上抓捕

↑ 南海救助局"南海救169"轮划回
广州打捞局交接仪式

一、二级保护文物1000多件。为了表彰他们的英勇行为，国家文物局、公安部和海南省人民政府共同授予海南琼海边防支队潭门边防派出所"文物保护特别奖"。

文物市场有"一艘船十个墓"的说法，这是因为，船的装载能力不可小瞧，一艘普通中型商船就能装载上万件瓷器。1996年西沙群岛海域"华光礁1"号沉船遗址被发现后，猖狂的"海盗"聚集在海南省琼海市潭门镇——海南最大的南海渔业母港，采取野蛮手段，用炸药炸开西沙群岛海域华光礁南宋沉船遗址，盗走大批文物，给国家造成巨大损失，南海水下珍贵文物遭遇了前所未有的危机。

正是在这样的背景下，从20世纪90年代末开始，潭门边防派出所进行了一场声势浩大的反盗掘文物斗争。"千百年国家宝藏，岂能在我辈手中流失？"保卫文物，他们豪气冲天。

1998年7月，不少渔民哄抢西沙群岛海域水下文物。这次，潭门边防派出所打击处理了违法渔船27艘，渔民400余人，缴获国家一、二级保护文物200多件。

海上抓捕剪影

狂风肆虐，波涛汹涌，在人们欢庆新年的期间，潭门边防派出所时任所长陈秀文带队乘巡逻艇在风口浪尖上摇摆着，等待载有西沙海底文物的船只出现。经过几天几夜的海上煎熬，2000年1月初，被群众举报的两艘可疑渔船终于驶入了潭门港。

"前面的渔船听着，立刻停下来接受检查。"边防巡逻艇一边喊话，一边靠了上去。船上的渔民一下子懵了，船长忙赔着笑脸说："刚捕鱼回来，我们保证什么问题都没有。"他把陈秀文拉到一边悄悄说："咱们都是老熟人了，能不能通融一下，有事好商量嘛！"陈秀文一口回绝。经过仔细检查，边防官兵从两艘渔船上共查出757件西沙海底文物。在前后近10天的时间里，潭门边防派出所官兵往返海陆，艰苦追击，共缴获1000多件西沙海底文物。

——来自新华网海南频道

2007年8月，个别渔民试图再次哄抢水下文物，潭门边防派出所经过严密监控，从渔船上一举查获西沙群岛海域水下文物300余件，初步确定这批文物为西沙群岛海域华光礁附近的陶瓷。

在11年时间里，潭门边防派出所从各类出海渔船上一共收缴5300余件铲子、抽沙机、撬棍等可能用于盗掘文物的工具。雷管、炸药也是重点收缴对象，1996年至今累计收缴工业雷管243枚，各类炸药560千克。这些确实值得引起高度重视，"海盗"们一旦用它们进行水下爆破，那对文物、文物遗址乃至生态环境带来的伤害将是无法估量的。

10多年来，潭门边防派出所官兵一边肩负着128艘远赴西沙、南沙、中沙、东沙海域生产作业，近千艘近海作业和流动作业渔船及3097户近2万名渔民的边防治安管理任务，一边与群众奋力打击盗掘和走私、倒卖西沙群岛海域水下文物犯罪活动，有效遏制了盗窃文物犯罪的高发势头。

每次考古船出海时，潭门边防派出所都事先协调渔监部门，利用警用船艇疏导，为考古船划定一个专用港区，并用警用船艇为考古船引航开道等。考古船出海后，该所利用"海上110"每日与考古船保持通话联系，第一时间为考古船播报海上天气情况，时刻跟踪掌握考古人员的身体状况，并先后6次联系潭门港后续前往西沙群岛海域的渔船为考古人员送去生活补给，及时解决考古队员遇到的困难。

《四沙海域海上安全生产须知》必须人手一本，这是为了保证考古人员的海上人身安全，避免意外事件发生，其中详细地讲解了如何开展海上自救，灵活规避境外人员武装抢劫等意外情况的有关知识。除此之外，为"守护者"的安全着想，及时收集海上治安动态，将

⬆ "南海 I"号沉船打捞队

⬆ 南海沉船打捞队

⊕ 南海沉船打捞队队员合影

这些信息通报给考古船只，并与西沙水警区、西沙边防支队建立考古船只安保处理突发事件工作方案，确保考古工作平安顺利。

在历次西沙群岛海域的考古中，考古船曾满载成千上万件国家珍稀文物，先后6次返回潭门港，潭门边防派出所均按照三级警卫工作标准进行保驾护航，全方位保障了出水文物及考古人员抵港后的安全，整个科考工作在出入港

⊕ 沉船打捞队

期间未发生任何案件，为考古人员提供了高质量的服务保障工作。

他们在用生命保护水下文物的安全，"文物保护特别奖"不颁给他们颁给谁呢？就像国家文物局局长说的，海南省边防官兵主动出击，协同作战，与不法分子进行坚决斗争，有力打击了盗掘、贩卖中国南海水下文化遗产等违法犯罪行为，为保护南海水下文化遗产作出了积极的贡献。但是，犯罪分子一刻也没有停止对中国南海水下文化遗产的破坏，打击盗掘、贩卖水下文物的违法犯罪活动，保障水下文化遗产安全，仍是一项长期艰巨的任务。

探索者

  回顾中国水下考古的发展历程，你会发现培养专业人才是水下考古事业的起点。无论是"南海Ⅰ"号、"华光礁1"号、"南澳Ⅰ"号、"哥德堡"号、"泰星"号，还是北礁水下遗物点、海底村庄遗址、甘泉岛唐宋居住遗址，它们的发掘都离不开水下考古专业人才。水下实践证明，从全国文物考古第一线的专业人员中遴选素质较高人才，以培训班的形式进行潜水培训和水下考古专业知识培训的方法培养专业人员，是目前我国水下考古专业队伍建设行之有效的方式，是我国水下考古的成功之路。

🔻"南海Ⅰ"号出水的瓷器

  国家文物局于1987年、1988年、1989年派人到荷兰、日本、美国学习潜水和水下考古技术；1989~1990年，中国历史博物馆与澳大利亚阿德莱德大学东南亚陶瓷研究中心合作举办了第一期全国水下考古专业人员培训班；1998~2009年，国家文

🔻广东阳江"南海Ⅰ"号博物馆

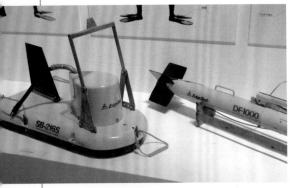

↑ 水下考古工具

↑ 水下考古专业人员

↑ 国家水下考古培训基地

物局又委托国家博物馆举办了四期全国水下考古专业人员培训班。

经过五期的培训，共87名水下考古专业人员获得国家文物局颁发的专业资格证书，这支水下考古一线队伍让我国的水下考古工作有了核心保障。放眼世界，类似于我国这样保持着一支国家级水下考古专业队伍的国家为数不多。

打好人员配备的基底，才有可能开展更高层次的深潜技术培训。事实上，国家也在朝着这个方向努力，近年来，在全国水下考古专业人员培训班的基础上，已经选择一些潜水技术较好的业务骨干参加了60~80米水深的高技术潜水培训。目前，全国已有10余人掌握了60米水深的潜水技能，从而大大扩展了水下考古的工作范围。

建立科研培训基地和加强信息化建设是水下考古学科基础建设的需要，进入21世纪后，在国家财政的大力支持下，经国家文物局批准，2002年该项目得以启动，2003年建成并投入使用。

水下考古科研与培训基地位于广东阳江，具有水下考古科研中心、培训中心、信息中心和国际交流中心等多项功能。在基地已成功举办了三期全国水下考古专业人员培训班，成功召开了多次国际和国内的学术研讨会和水下考古工作会议，完成了西沙群岛海域"华光礁I"号沉船遗址全部出水文物的类型学整理和绘图照相及初级保护工作。

但凡潜入南海海底，直击水下文化遗存的人，总会情不自禁地惊叹，发自内心地敬重这片海底蕴藏了如此厚重的历史文化堆积。被水下考古人员发掘出来的古迹，从千百年的风尘中走来，都是为了告诉我们一件事：历史上的中国富饶、兴盛，文化积淀丰厚。

南海，千里石塘，万里长沙。这片盛享阳光的海域，蕴藏着太多金色的诱惑。人们用文字去描绘她，用数字去解释她，用机器去探测她，都是为了能真正读懂她。这本"南海之书"写满南海丰富的宝藏，目的是为了让亲爱的读者能走近她，读懂她。——南海，这片神奇的海域，需要我们不仅用眼睛去看，还要用心去读，去体味她的博大、丰厚和强大的生命力。

图书在版编目（CIP）数据

南海宝藏/李航主编. —青岛：中国海洋大学出版社，2013.6

（魅力中国海系列丛书/盖广生总主编）

ISBN 978-7-5670-0329-3

Ⅰ.①南… Ⅱ.①李… Ⅲ.①南海－概况 Ⅳ.①P722.7

中国版本图书馆CIP数据核字（2013）第127068号

南海宝藏

出 版 人	杨立敏			
出版发行	中国海洋大学出版社有限公司			
社　　址	青岛市香港东路23号			
网　　址	http://www.ouc-press.com			
策划编辑	邓志科 电话 0532-85901040	邮政编码	266071
责任编辑	邓志科 电话 0532-85901040	电子信箱	dengzhike@sohu.com
印　　制	青岛海蓝印刷有限责任公司	订购电话	0532-82032573（传真）
版　　次	2014年1月第1版	印　　次	2014年1月第1次印刷
成品尺寸	185mm×225mm	印　　张	9.5
字　　数	80千	定　　价	24.90元

发现印装质量问题，请致电0532-88785354，由印刷厂负责调换。